掉寶率1%的遊戲扭蛋
其實3成以上的人都
抽不到?
面白くてやみつきになる!
文系も超ハマる数学
用數學解開日常生活中的種種謎團
Yokoyama Asuki
橫山明日希——著

前言

原來數學離我們這麼近！

我在教數學的時候，常會聽到有人這麼說。

大部分的人都覺得數學和自己沒多少關係，或根本沒有關係。我確實也曾聽人說過：「生活中根本沒看過什麼x、y、z」或是「除了學校，其他地方根本連聽也沒聽過三角函數sin、cos、tan之類的」等等。

不過，當各位讀完本書時，應該都會變成開頭的第一句話。

不好意思，忘了先向各位自我介紹，我是致力於讓數學、算術更貼近生活、更好玩的數學哥哥。有來自各種領域的學員或聽眾參加過我的數學課、算術課與講座，其中當然有喜歡數學的人，也有陪著孩子一起來，而自己平常卻沒什麼機會接觸數學的家長，或是因為工作需求必須學習數學的大人等等。愈是沒有機會接觸數學、體驗過用數學之眼看待世界或日常生活的人，就愈容易被數學所感動。這樣的人不但會說出一開始提到的那句話，還會這麼說：

「我對事物的看法都不一樣了。」

為什麼數學課會讓他們有這樣的感想呢？

我認為這是因為**這個世界是由數學建立起來的**。各位可能會覺得我這麼說有點似是而非，但數學原本就具有**用數字或記號的抽象方式來表達世界**的性質。既然如此，瞭解數學會改變我們對事物的看法，也就不是什麼奇怪的事情了。讓我們看看以下的例子：

● 「掉寶率1％的遊戲扭蛋」只要抽100次就會抽中1次。
↓有3成以上的人1次也抽不到。

●同一件商品的折扣為「75%OFF」與「70%OFF後再15%OFF」。
↓可以知道哪個比較便宜。
●54張撲克牌洗牌後，再次出現同樣的排列順序。
↓所花的時間遠遠長過宇宙138億年。

不只這樣，我們思考事情的方式也會不一樣。

●9人的年收皆為300萬，再加上1個年收入一千八百萬的人，則平均年收為450萬。
●即使是一千對200的絕對不利情況，一樣有獲勝的戰略。
●知道「提早5分鐘出門」跟「走快一點」哪個更有效率。

從「好用的知識或智慧」到「令人噗哧一笑的日常趣事」，應有盡有。
本書收錄的就是這樣的數學內容，能讓您對於身旁的事物產生不一樣的看法與思考方式。

我內心抗拒數學、我不懂艱澀的數學公式、我不想要計算。就算您這麼想也不要緊，因為本書的內容都是一看就懂的有趣數學，好比是「閱讀用」數學書。我知道每個人對本書各有解讀，有人認為這是一本對工作有用的數學書，也有人認為是改變以往觀點的教養書、可以當作聊天話題的閒書等等。不管是哪一種解讀，我認為那都是通往「數學世界」的入口。請各位先把「數學好難懂」這樣的印象放一旁，試著讀一讀本書。

倘若本書能讓各位用不一樣的觀點來看世界、用不一樣的方式去思考身旁的事物、對數學有了不一樣的印象，那就是我最欣喜的事情了。

2021年9月

數學哥哥　橫山明日希

前言　3

第1章

破解日常中不可思議的超解析數學

把大富翁的總資產換成1萬日圓的紙鈔，高度竟然可達外太空!?　14
「朋友的朋友的……」只要透過6個朋友，最終就會認識比爾蓋茲？　19
在撲克牌的洗牌過程中，其實就接觸了「無量大數」？　25
掉寶機率1％的遊戲扭蛋　就算抽100次也抽不中1次的機率有36％!?　29
只有力量還不夠！一般人絕對沒辦法「擲鏈球」的原因　32
利用某個數學構造，就能重現樹蔭底下的涼爽感？　36
不論是青蔥、橋梁還是那座著名建築，都隱藏著曲線之美　41
為什麼GPS可以透過衛星得知目前的所在位置？　46
以為一輩子都用不到的三角函數就在你身旁！　50

——深入令人著迷的數學世界——
將人生獻給數學的高中青春故事　54

第2章

看見世界另一面的超透視數學

一到投票截止時間就公布當選預測的不可思議現象　56
令人懷疑的「日本景氣好轉」所隱藏的圈套　62
人造奶油的消費量與離婚率之間的驚人關係　69
悖論：平均數既是較高的，也是較低的。這是怎麼一回事？　72
「今天過得不太愉快」這也有數字化的指標？　76
你也希望每條彎道都這麼做嗎？零交通事故的神技曲線　80
——深入令人著迷的數學世界——
假如讓東大的教授來傳授超容易理解的數學……　86

第3章

縱橫商場的超實用數學

哪個比較可怕？哪個比較划算？請注意數字陷阱　88
選擇背叛？還是緘默？被迫抉擇的思考實驗　91
人事、運動、擇偶……各種情況都能運用，且獲得諾貝爾獎的「配置理論」！　95
一千VS200……在絕對不利的情況下成功逆轉的奇蹟法則　98
你知道全世界有多少人在這個「！」的瞬間打噴嚏嗎？　106
世界級的電影導演——北野武使用的因式分解思考法超厲害！　112
——深入令人著迷的數學世界——
數學家交接了360年的證明接力棒　116

第4章

讓人不禁想嘗試的超神奇數學

讓人立刻變成畫畫高手的數學方式？ 118
一秒畫出《鬼滅之刃》的圖紋 122
「提早5分鐘出門」跟「走快一點」，哪一個比較有效率？ 129
1年的一半不是6月30日？ 132
一秒說出「未來的今天是星期幾」！ 135
「觀賞煙火」應該要從附近往上看？站遠一點從側面看？還是…… 138
——深入令人著迷的數學世界——
好玩又燒腦大腦的「大人數學訓練」 144

第5章

想通就會迷上的超著迷數學

告訴你為什麼不可以完全依賴「新手運」！ 146
43連勝的猜拳冠軍其勝利法則是？ 152
為何風靡全球的遊戲《MINECRAFT》可以培養數學力 158
挑戰小孩、大人一起來動動腦的數學難題！ 162
諾貝爾獎不設立數學獎的理由 完全是個人私心 166
也許會改變至今的數學印象？從未見過的數學用語 173
—深入令人著迷的數學世界—
小朋友也瘋狂愛上數學的故事書 178
數學家的大腦都在想什麼？讓文科人也著迷的數學小說 179
結語 180
參考文獻 184

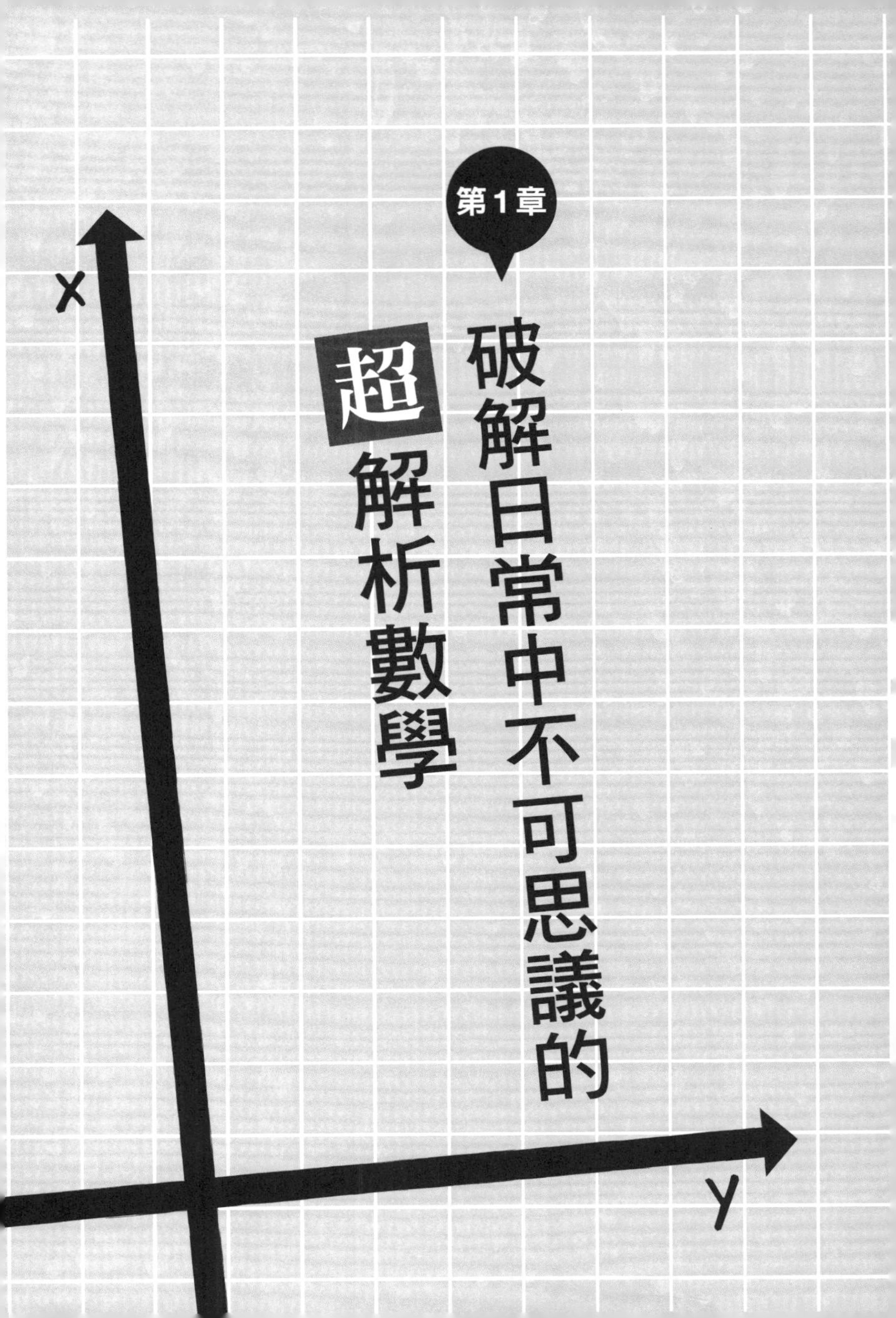
第1章
破解日常中不可思議的
超解析數學
x
y

試試看把數字變成有形的樣子

把大富翁的總資產換成1萬日圓的紙鈔，高度竟然可達外太空!?

▼錢有多大？

電子錢包在近五、六年間愈來愈普及，各位是不是也漸漸不帶現金出門了？電子錢包所顯示的數字可以讓我們知道還有多少錢，但跟以前比起來，好像比較感受不到金錢的分量了。既然如此，我們就試著把錢變得具體吧！然後各位就會發現一個有著劇烈衝擊的事實。

日本在印製紙鈔時都會做成簡單好懂的尺寸：一張1萬日圓的紙鈔大約是0.1㎜厚，所以100張1萬日圓的紙鈔大約是1㎝厚。用1萬日圓紙鈔疊出1千萬其高度就是10㎝，那麼1億日圓疊起來會有多高呢？沒錯，就是100㎝（＝1m）。各位應該都曉得這個高度有多高吧。那麼，換成硬幣又是如何呢？1日圓的硬幣重1g，厚度是0.1㎝。不管是紙鈔還是硬幣，日本人都把厚度與重量設定成簡單、明瞭的數字。

接下來，我們就一起來看看有錢人究竟有多少錢吧！

據說，微軟創始人比爾蓋茲的總資產大約是1321億美金（資料截至2021年1月20日）。我們就把比爾蓋茲的總資產都兌換成紙鈔來看看吧。接著，還要把美金換成日圓，換匯後大約是14兆5310億日圓（以1美金＝110日圓換算）。到這裡為止，應該很難想像這個數字吧。

那麼我們就把這個數字換成具體的樣子吧。假設一疊1萬日圓的紙鈔為100萬日圓，那14兆5310億日圓則是1453萬1千疊。一疊紙鈔的高度是1cm，所以總高度就是1453萬1千cm（＝145．31km）。這個高度有多高呢（不考慮重疊的重量造成高度改變）？

●東京鐵塔　約436座
●東京晴空塔　約229座
●直達外太空

沒想到高度竟然遠遠超過東京鐵塔，甚至直達外太空（因為超過海拔高度80～100km的卡門線）。

很可惜我們沒辦法把鈔票一直疊到外太空，那就試試橫著排吧。橫著排的長度約145km，從東京鐵塔的所在地一路排下去，竟然已經超過了富士山，而且還看不到終點；而最後的終點就落在靜岡縣的靜岡市附近！

▼換成1日圓的硬幣，結果會如何？

這次，我們不要換成1萬日圓的紙鈔，拜託比爾蓋茲把他的資產換成1日圓的硬幣吧。前面提過1日圓的硬幣厚度是1mm，那

麼這樣排起來會是如何呢？

總長度竟然長達14萬５３１０km。繞地球一圈大約是４萬km，所以，換成１日圓的硬幣的話，可以環繞地球３圈半以上。感覺這條赤道都要被１日圓硬幣填成一條銀道了。

即使是換成高度或距離，對有些人來說還是難以想像。那這次就換成我們身旁的物品——日本小學生的書包，讓這些讀者也能一起跟著想像吧。日本的小學生書包大致上長得都差不多，但還是分成許多款式，這裡以長度30cm、寬度20cm、深度20cm的書包為基準。請問這個書包的容量是多少呢？（計算１）

再來是計算一百張１萬日圓的紙鈔，這疊紙鈔的長度為16cm、寬

計算１　小學生書包的容量　$30 \times 20 \times 20 = 12,000$（$cm^3$）

計算２　總計100萬日圓的紙鈔　$16 \times 7.6 \times 1 = 121.6$（$cm^3$）

計算３　$12,000 \div 121.6 = 98.684$……

度7.6㎝、高度1㎝。那麼這疊紙鈔的體積是多少呢？（計算2）

各位計算出來了嗎？小學生書包的容量是1萬2千㎤，而1疊100萬日圓紙鈔的體積則是121・6㎤。那麼，用幾疊鈔票才可以把書包塞滿呢？（計算3）

一個書包可以放進100萬日圓的紙鈔共100疊（正確是98疊，這裡就算整數吧）。換句話說，一個書包可以裝滿1億日圓。

一般來說，日本人一輩子的平均收入大約是2～3億日圓。沒錯，也就是2～3個裝滿1億日圓的書包。

假如我們把比爾蓋茲的錢全部換成1萬日圓的紙鈔，且裝進小學生的書包裡。最後，共會裝滿14萬5310個，真希望比爾蓋茲可以分幾個書包給我……

「鼠算型增加」說的就是這個！

「朋友的朋友的……」只要透過6個朋友，最終就會認識比爾蓋茲？

▼朋友的朋友的……是誰？

「朋友的朋友就是朋友」這句話是真的嗎？

假設某個人有50個朋友，且這50位朋友除了這個人之外，都還另外結識50位朋友。那這個人有幾個朋友呢？用50×50去計算，就是二千五百人。波音747又被稱為Jumbo Jet，其載客量約五百人，也就是說，這個人的朋友數量大約有5架波音747的乘客量。

我們再擴大範圍來看看吧。朋友的朋友的朋友的……當中間人超過6個時，最後會認識多少人呢？

直接公布結果，竟然是全球總人口數78億的20倍左右。

我們就來計算看看吧。一開始的朋友人數是50人，加上朋友的朋友，就是二千五百人。再加上朋友的朋友的朋友，就變成12萬5千人，繼續計算下一輪的朋友人數，結果竟然已經到達625萬人了。第5輪的人數達到3億人，到了最終的第6輪時，終於到達約156億人。

全球總人口數為78億人，所以就理論而言，透過第6輪認識的朋友就有可能認識全世界的人呢（計算1）。

這樣的現象稱為「六度分隔理論」。六度分隔理論是由社會心理學家史丹利・米爾格蘭透過實驗證實的「小世界現象」的定義，而小世界現象就是指透過6個中間人便可認識世界上任何一個人。

我們現在來調整一下朋友人數，計算看看結果吧。我記得有一首歌的歌詞是——我能不能交到一百個朋友呢？那我們就假設真的可以交到一百個朋友，把朋友人數設定成一百人吧（計算2）。結果，當中間人超過5個人時，認識的人就會到達一百億人，突破全球總人數。這即是五度分隔。

那麼，假設要透過六度分隔讓朋友人數突破78億人，每個人最少要認識幾個人呢（計算3）？

原本認識50位朋友，最後會認識多少人呢？

50人
50^2 → 2500人
50^3 → 12.5×10^4（12萬5000人）
50^4 → 6.25×10^6（625萬人）
50^5 → 約 3×10^9（3億人）
50^6 → 約 156×10^9（156億人）

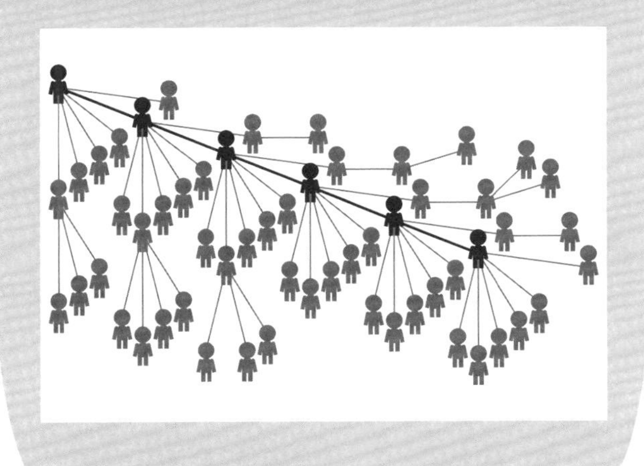

〈數學基礎知識〉何謂次方？

以同樣的數字或文字重複連乘的運算，其結果叫做次方。
例如：5連乘 2 次的運算如下所示。
$5 \times 5 = 5^2$（5的二次方）

假設朋友數為100人，第幾輪認識的朋友就會突破全球人口數？

假設朋友人數為100人，試著計算看看結果是如何吧。

第1輪	100		
第2輪	100^2	→	1萬人
第3輪	100^3	→	100萬人
第4輪	100^4	→	1億人
第5輪	100^5	→	100億人

假設第6輪認識的朋友數要突破78億人，那麼最少要認識幾個人呢？

假設朋友人數為45人，看看計算結果會是如何吧。

第1輪	45人			
第2輪	45^2	→	2,025	（約2000人）
第3輪	45^3	→	91,125	（約9萬人）
第4輪	45^4	→	4,100,625	（約410萬人）
第5輪	45^5	→	184,528,125	（約1億8000萬人）
第6輪	45^6	→	8,303,765,625	（約83億人）

另外，當朋友人數為44人時，第6輪認識的朋友人數為7,256,313,856人（約73億人）。

▼透過社群網路能認識多少人？

在現代的網路社會裡，我們與世界的距離比以前來得更近了。尤其是隨著社群網路的普及與發展，任何人都能更簡單地與世界的另一端聯繫。

在這樣的社會背景下，Facebook於2016年以當時15億9千萬名活躍用戶為對象進行調查，結果發現六度分隔已大幅降低至3.5度分隔了。那麼，每個人平均認識多少朋友呢（計算4）？

目前Facebook的全球用戶數約28．5億人，以這個數計算的話，大約透過4個中間人就可以認識全世界的人了。網路真是無遠弗屆。

計算4　要認識幾個朋友，人數會突破15億9,000萬人呢？

假設朋友數為x人，計算公式如下：

$x^{3.57}=1,590,000,000$

$x=$（約）378

根據美國國內的Facebook活躍用戶數，計算出每位用戶平均擁有378位朋友。

▼朋友的朋友的……到最後會認識誰？

透過6個朋友就能與全世界串聯起來，聽起來總讓人覺得這世界未免也太小了吧。

但仔細想想，隔了這6層的關係其實已經是接近毫不相干的關係了。A與B是朋友，B與C也是朋友。B是A與C的共同朋友，但A與C並不相識。明明只是二度分隔的關係，但對於A來說，C就是不認識的陌生人。如此想來，要是再隔了3個中間人、4個中間人，我們根本不曉得對方是誰、跟自己有什麼關係；中間隔了6個人以後，基本上對方就是遠在千里之外的未知之人了。相反地，關係愈遠就愈有可能認識某位跟自己完全沒關係，但卻是家喻戶曉的著名人物。例如：請朋友介紹他「最有錢的朋友」給我們認識。然後再請這位新認識的朋友介紹一位最有錢的朋友給我們。這樣下去，當介紹到第6個人時，我們新認識的大富豪是微軟創始人比爾蓋茲，或亞馬遜電商創始人傑夫・貝佐斯的機會就非常高了。若一直這樣介紹下去，說不定真能實現與傑夫・貝佐斯當朋友這件事。

計算以後，對身旁事物的看法將會有所不同

在撲克牌的洗牌過程中，其實就接觸了「無量大數」？

▼各位使用過「那由他」嗎？

先來問各位一個問題，你覺得以下這些漢字的共通點是什麼？

〔　兆　正　那由他　〕

其實這些都是漢字文化圈用來表示數量的單位（如下表）。

萬、億、兆、京……到這邊為止，各位應該有聽過。比這些再大的單位，感覺好像就跟我們的日常生活沒有關係了。即使是日本的國家預算，一年大概也才一百兆日圓左右，「無量大數」根本就是屬於無限世界的領域，甚至讓人覺得這輩子大概完全用不到這些單位。

表示數量的單位	
單位	數字
一	1
十	10
百	10^{2}
千	10^{3}
萬	10^{4}
億	10^{8}
兆	10^{12}
京	10^{16}
垓	10^{20}
秭（秭）	10^{24}
穰	10^{28}
溝	10^{32}
澗	10^{36}
正	10^{40}
載	10^{44}
極	10^{48}
恆河沙	10^{52}
阿僧祇	10^{56}
那由他	10^{60}
不可思議	10^{64}
無量大數	10^{68}

1無量大數是10的68次方，也就是1後面接了68個0。另外，1兆是10的12次方，這樣各位應該就知道無量大數有多大了。

像無量大數這樣未知的數量，其實就存在於我們的身旁。

▼無量大數就在我們身邊？

那就是我們熟悉的撲克牌。

玩撲克牌都會先洗牌吧，那我們就來計算一下，看看這54張牌洗牌之後依序排列會有幾種組合（計算）。

這54張牌洗牌之後依序排列，竟然有多達2千無量大數的排列組合。2千無量大數就

1無量大數＝10的68次方
＝100,000,000,000,000,000,000,000,000,000,000,000,000,000,000,000,000,000,000,000,000,000,000

計算　**撲克牌的排列有幾種可能？**

＊第1張牌有54種可能
＊第2張牌有53種可能
＊第3張牌有52種可能
……像這樣直到排完54張牌

$54 \times 53 \times 52 \cdots\cdots \times 2 \times 1 \fallingdotseq 2 \times 10^{71}$

（約2,000個無量大數）

是有2千個無量大數。

用簡單一點的方式來解釋，就算1秒新洗一次牌，要排出所有的排列組合，所花的時間也遠遠超過宇宙138億年的歷史。

假如洗牌後，這54張牌出現相同的排列順序，那機率只有二千無量大數分之一，這情況簡直就是奇蹟。

無量大數就隱藏在任何一個家庭都擁有，且又熟悉的撲克牌之中。在看似平凡的生活裡，各位都在不知不覺之中接觸到無量大數！

破解「1%的機率」

掉寶機率1%的遊戲扭蛋就算抽100次也抽不中1次的機率有36%!?

▼「掉寶機率1%」的真正意思是……？

線上遊戲的玩家應該都很熟悉「遊戲扭蛋」。所謂的遊戲扭蛋是手機遊戲或社群遊戲中虛寶交易的俗稱，指的是虛擬寶物的抽獎活動。日本的景品表示法規定，遊戲扭蛋這類型的活動都要標示掉寶機率，但卻還是經常會聽到玩家抗議：掉寶機率根本不到1%。

在購物中心等地方都會設置扭蛋機，投幣後轉動旋鈕就會掉出獎品，但遊戲扭蛋跟這種實體扭蛋機的掉寶機制並不一樣。實體的扭蛋機若標示中獎機率為1%的話，代表每100次一定

計算1　掉寶機率是1%，所以抽不中的機率是$\frac{99}{100}$。

一共要抽100次，所以就是、$\frac{99}{100}\times\frac{99}{100}$……

一共乘100次。

$(\frac{99}{100})^{100}=0.3666032$……（＝約36%）

計算2　$1-0.36=0.64$（＝約64%）

可以抽中1次。但是，遊戲扭蛋則不管抽幾次，分母都不會變，從頭到尾都是用同樣的機率在計算，所以就算標示掉寶機率是1％，抽了一百次也未必會抽中1次。

看到這裡，各位應該都要抗議：「既然掉寶率是1％，那我花了一百次的錢抽寶就應該要抽中啊！為什麼還是沒抽中！這根本是詐欺嘛！」那我們就來想一想為什麼會這樣吧。

我來說明一下遊戲扭蛋的具體掉寶機率。

先計算掉寶機率1％的遊戲扭蛋就算抽一百次也抽不中1次的機率（計算1）。

計算3 **將「抽了x次遊戲扭蛋後，1次都抽不中的機率就會降到50%以下」寫成算式並算出答案。**

$\left(\frac{99}{100}\right)^{x} < 50\%$

當x為69時

$\left(\frac{99}{100}\right)^{69} = 0.4998\cdots$

$1 - 0.4998 = 0.5002$（抽中機率大於50.0%）

當x為68時

$\left(\frac{99}{100}\right)^{68} = 0.5048\cdots$

$1 - 0.5048 = 0.4952$（抽中機率小於50.0%）

計算結果顯示，1次都抽不中的機率大約是36％。那麼，抽了一百次會抽中1次的機率是多少呢（計算2）。

結果顯示，抽中1次的機率大約是64％。也就是說，抽一百次都抽不中的機率大約是36％，而抽中1次的機率大約是64％。這麼看來，抽不中的機率比想像中還高呢。

那麼，抽中1次的機率超過50％的時機點，是在抽第幾次時出現呢（計算3）？

也就是說，只要連續抽69次，中獎率就會超過50％。

當「稀有虛寶的掉寶率是1％」時，我們都會覺得只要抽100次就會中1次，但實際上卻有高達3成以上的玩家是連1次也抽不中的。有的人連抽一百次也抽不中，但有些人的運氣卻很好，一抽就抽中了，甚至還有人抽中了2次、3次……或許，我們之所以經常聽到有人抱怨「抽一百次卻都沒中」，就是因為其中隱藏著這樣的數學陷阱。

只有力量還不夠！一般人絕對沒辦法「擲鏈球」的原因

▼比力量更重要的是嫻熟的技術

在2020東京帕拉林匹克運動會上，運動員的英姿讓我大為感動。看著田徑比賽中選手投擲鏈球的身姿，更讓我再一次被深深感動，心裡讚嘆著：「這真是了不得的技術啊！」鏈球項目規定運動員要在旋轉身體後將鏈球擲出，讓鏈球飛至遠處落下。各位也許都只以為鏈球運動員需要的是強大的力量與強壯的體格，但其實鏈球運動員更要有驚人的投擲技術才行。

各位知道運動員是如何擲出鏈球的嗎？

鏈球運動員並不是等到身體正對著落球區時才將鏈球擲出的，而是在身體正面與落地區成90度夾角時擲出的。當鏈球脫離運動員的手後，運動員的身體還會繼續旋轉，所以看起來就像是轉到正面才投擲出去的。因為身體在擲出鏈球後還會繼續轉，所以要是等到轉到正面才放開鏈球，鏈球就有可能往一旁飛出去。讓一般人來投擲的話，肯定會發生超級危險的事。鏈球運動員必須在手持鏈球旋轉1～2秒之間鎖定目標，並將鏈球筆直地擲向規定的有效落地區，然而這個落地區的角度並不大。這麼來看，先不說擲鏈球所需的力量，高超的技術更是必備的條件，堪稱是超高難度的運動。

計算　**2秒旋轉4圈，也就是1秒要旋轉720°。**

正面的有效落地區的角度約為35°

35÷720＝0.0486…

運動員在0.00486秒（約0.05秒）的瞬間就必須放開鏈球。

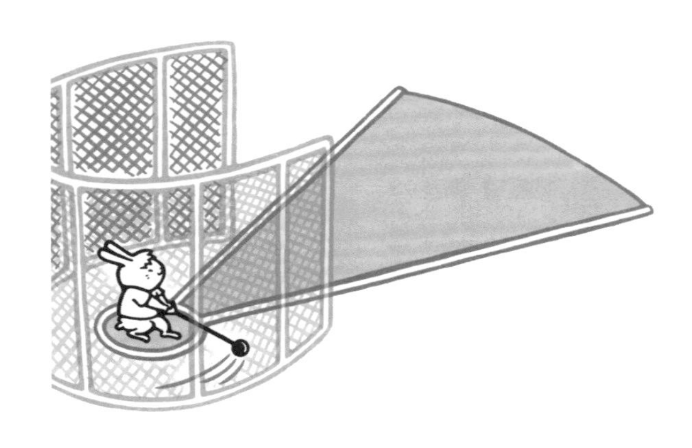

▼放開鏈球的時機是幾秒？

我們就一起來計算看看旋轉到投擲為止的時間。

用簡單一點的數字來看，假設2秒內要旋轉4圈，並擲出鏈球（計算）。也就是大約只有0．05秒的有效時間能讓鏈球落在有效區，在其他時間鬆手，鏈球都可能會落入無效區，甚至砸傷周圍人員。這真的需要熟練無比的技術才行呢！

比賽中，讓鏈球落在有效區是最基本的，然後才是比鏈球飛多遠。

運動員都必須在最佳的時間點與角度將鏈球投擲出去，掌握那一瞬間的時機點真的需要我們無法想像的高超技術。

2004雅典奧運的鏈球金牌得主——室伏廣治在奧運會上擔任鏈球項目的解說，他曾說過：「擲鏈球就跟站在磁浮列車上把足球踢進球門一樣困難。」由於磁浮列車的最高時速超過500 km，想必有人會吐槽這肯定比擲鏈球更難，但我想室伏先生應該是想表達那種難上加難的衝擊感。我明白這項運動真的必須具備那樣的技術，所以完全無法否認室伏先生的比喻。

或許是因為這樣，30歲左右且經驗老道的鏈球運動員似乎都比年輕的鏈球運動員表現得更加亮眼，就連室伏先生也表示自己的巔峰時期是在29歲。可見力量、技術與想像這三大要領若要面面俱到，就必須經過相當的鍛鍊。

以數學的角度來看，就會發現不為人知的細節，也能用不同的視角來瞭解體育競技。下一次看見運動員擲鏈球時，各位一定會再度驚嘆他們超乎常人的技術。

植物也隱藏著數學

利用某個數學構造，就能重現樹蔭底下的涼爽感？

▼為什麼樹蔭底下舒適又涼爽？

就像我們說的森林浴那樣，待在大樹底下或森林裡真的很舒服。即使是烈日當空的炎炎夏日，躲在樹蔭底下也讓人覺得涼爽無比。而「樹蔭底下的舒適涼爽」其實跟數學有很大的關係。我在前作《為什麼1ℓ鮮奶實際上只有946mℓ？用數學解開日常生活中的種種謎團》中介紹過碎形，接著就來解說樹蔭與碎形的關聯。

許多植物都帶有碎形構造，當樹木長到一定的程度後，樹枝就會不斷地分岔下去。當樹枝分枝時，都是以同樣的角度、長度延伸出去的，最後形成我們所見到的複雜形狀（圖1）。

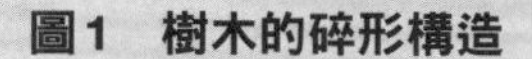

圖1　樹木的碎形構造

〈數學知識〉
什麼是碎形構造？

碎形 ──圖形的部分形狀與全體相似且具有連續性，也就是所謂的「自相似」圖形；不論放大或縮小，都具有相同的形狀。舉個簡單的例子：青花菜就是一個標準的碎形構造，一朵完整的青花菜與其中一小朵青花菜的形狀都一樣（嚴格來說是相似）。把一小朵青花菜放大來看，其形狀也跟原來的一大朵一樣。

仔細觀察就會發現，葉子在向外延伸時都沒有重疊在一起，彼此之間都保持一定的交錯角度。這是因為樹木要接受陽光照射、進行光合作用，才能長得高大。所以，樹木為了充分接受日光的沐浴，就要有效率地讓葉子保持一定的交錯角度。因此，樹上的葉子在生長時都不會與彼此重疊。

有規律地保持間隙的樹葉也巧妙地遮擋了日光，形成了樹蔭。由於樹葉之間保有空隙，可以讓空氣流動，所以我們才會覺得待在樹底下很涼爽。這就是樹蔭底下舒適又涼爽的答案。

▼已經有屋頂可以重現「樹蔭底下的涼爽」？

目前已經有研究將這種合理又令人驚豔的碎形構造應用在建築物上。其中一項就是由京都大學酒井敏教授等人帶領的團隊所研究的「碎形遮簾」屋頂。

這種屋頂以輕薄小巧的磁磚打造而成，磁磚之間保持一定的空隙，就跟交錯生長的葉子一樣。磁磚的形狀則是具備碎形構造的「謝爾賓斯基四面體」。這種四面體可以100％阻擋從某一方向照射過來的日光，立方體本身是中空構造，因此當使用這種磁磚來搭建屋頂時，就可

圖2　京都大學內的碎形遮簾

下圖為熱像圖。碎形遮簾形成的陰影處溫度較低，而日照處的溫度較高。

出處：*Sierpinski's forest: New technology of cool roof with fractal shapes*
Sakai, S; Nakamura, M; (...); Tamotsu, K
Dec 2012 | *ENERGY AND BUILDINGS 55 , pp.*28 - 34
照片提供：京都大學

以呈現出「像在大樹底下乘涼一樣的涼爽」（圖2）。

這項碎形遮簾的設計在環保方面也受到了許多關注，並運用在許多建築物上。像是橫濱國際綜合競技場、神戶市的生田川公園，甚至2020東京奧運會都採用了這項設計。不僅如此，就連私人住宅的外牆或圍籬，也都有使用案例。

人們以數學的角度去解析自然，從中發現特性並加以利用。在將來，碎形構造依然會受到許多關注。自然界中的碎形也許並不是為了發揮用處才形成，但我覺得能在偶然的機會下發揮它的用處，也是數學的魅力之一。

創造出「強大而美麗」的數學技術

不論是青蔥、橋梁還是那座著名建築，都隱藏著曲線之美

▼人類覺得最美的曲線

就像曲線美一詞所揭示的存在一樣，當我們看見有曲線的東西時，都會覺得很美、很好看。在所有曲線中，公認最美的就是懸鏈線（Catenary）。抓住繩子兩端，繩子下垂所形成的曲線即是懸鏈線（圖1）。另外，懸鏈線的形狀看起來與拋物線 $y=x^2$ 很像，從前的人認為這兩條曲線並無區別。

這條曲線不僅美麗，還非常強韌，利用懸鏈線蓋出來的橋梁都非常堅固。懸鏈線被應用在許多著名的建築物上，就連植物的根部輪廓也能看到懸鏈線的形狀（圖2）。

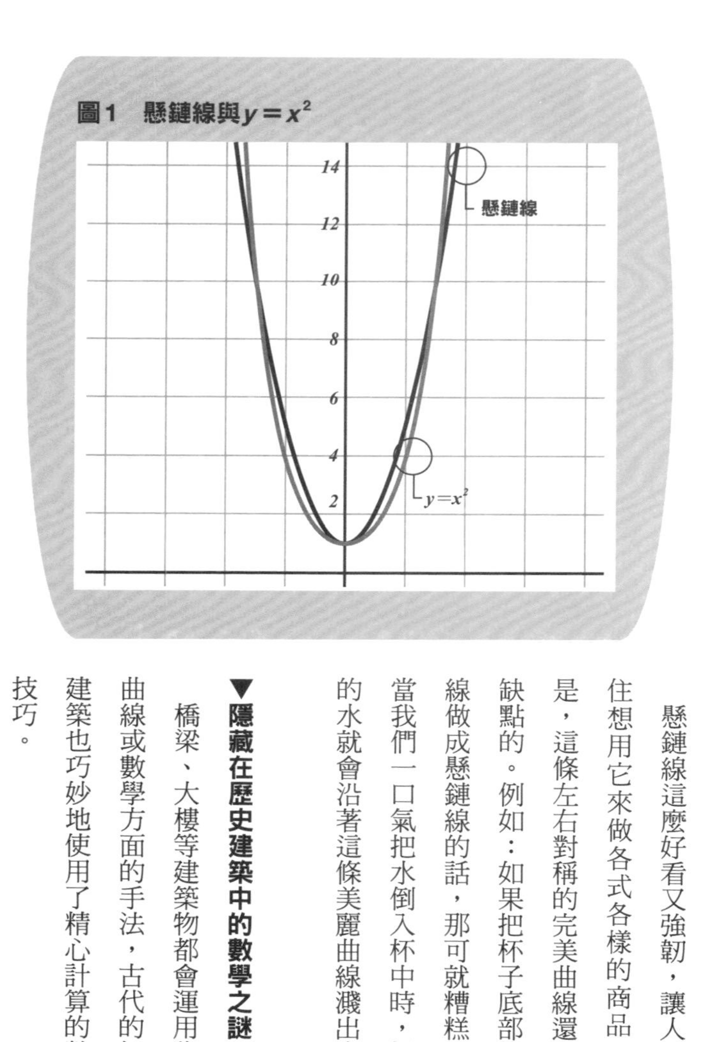

圖1　懸鏈線與$y=x^2$

懸鏈線這麼好看又強韌，讓人忍不住想用它來做各式各樣的商品。只是，這條左右對稱的完美曲線還是有缺點的。例如：如果把杯子底部的曲線做成懸鏈線的話，那可就糟糕了。當我們一口氣把水倒入杯中時，杯裡的水就會沿著這條美麗曲線濺出來。

▼隱藏在歷史建築中的數學之謎

橋梁、大樓等建築物都會運用許多曲線或數學方面的手法，古代的知名建築也巧妙地使用了精心計算的數學技巧。

圖2　具有懸鏈線的植物根部與著名建築

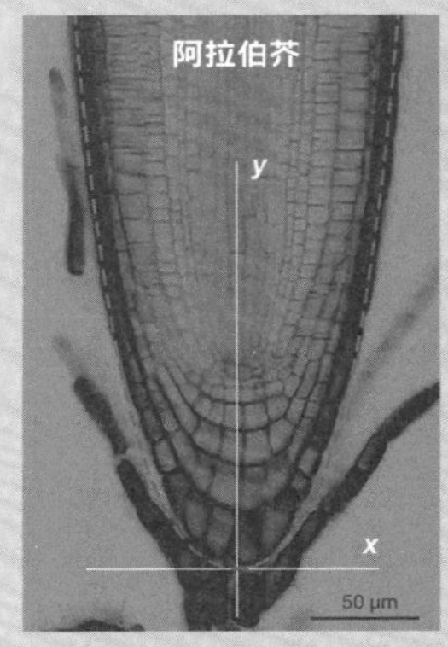

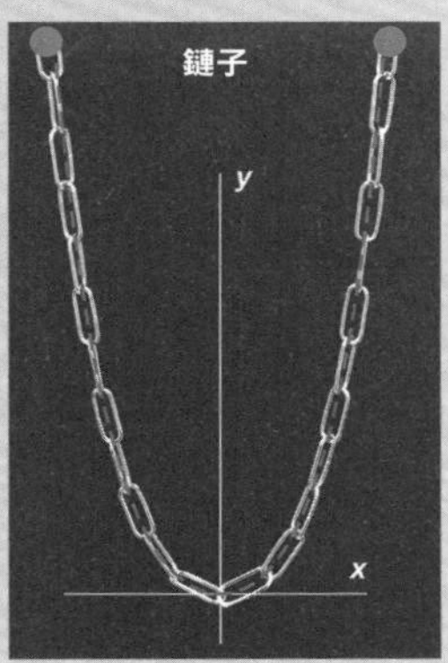

讓鏈子往下垂，就會看到所謂的懸鏈線。由藤原基洋先生、鄉達明博士、津川曉博士、藤本仰一博士等人率領的研究團隊，已證實植物根部的輪廓與懸鏈線一致。阿拉伯芥、蔥、小黃瓜、紫花地丁、石竹、大波斯菊等各式各樣的植物，都能在其根部看到這條曲線。以力學的角度來看，懸鏈線也是一種非常穩定的曲線，例如日本山口縣岩國市的錦帶橋其造型就是懸鏈線。

梵蒂岡是位於義大利境內的城中之國，聖伯多祿廣場就坐落在梵蒂岡中，從上往下看可以發現這個廣場是個橢圓形。所謂的橢圓是長得有點像被壓扁的圓形，當平面上的兩個定點到任一點的距離和為定值時，由這些點所構成的圖形就是橢圓。而這兩個定點就稱為焦點，當焦點改變時，橢圓的大小也會跟著改變。

這個廣場圍繞著一圈建築物，若沿著這圈建築物的內側畫一個橢圓形，其焦點竟然與噴水池的位置幾乎重疊（圖3）。

聖伯多祿廣場建於1650～1660之間，假如當時建造時確實有意將噴水池的位置放在橢圓的焦點上，那真的是個了不得的構想。雖然我曾經做過許多調查，試著想知道這樣的設計是否有特別的用意，但依然沒有任何發現。說不定其中真的有什麼「數學之謎」。

建築的世界——尤其是著名的歷史建築，都隱藏著許多數學手法。各位也試著去研究看看自己有興趣的建築物，說不定就會發現好玩、有趣的事情。

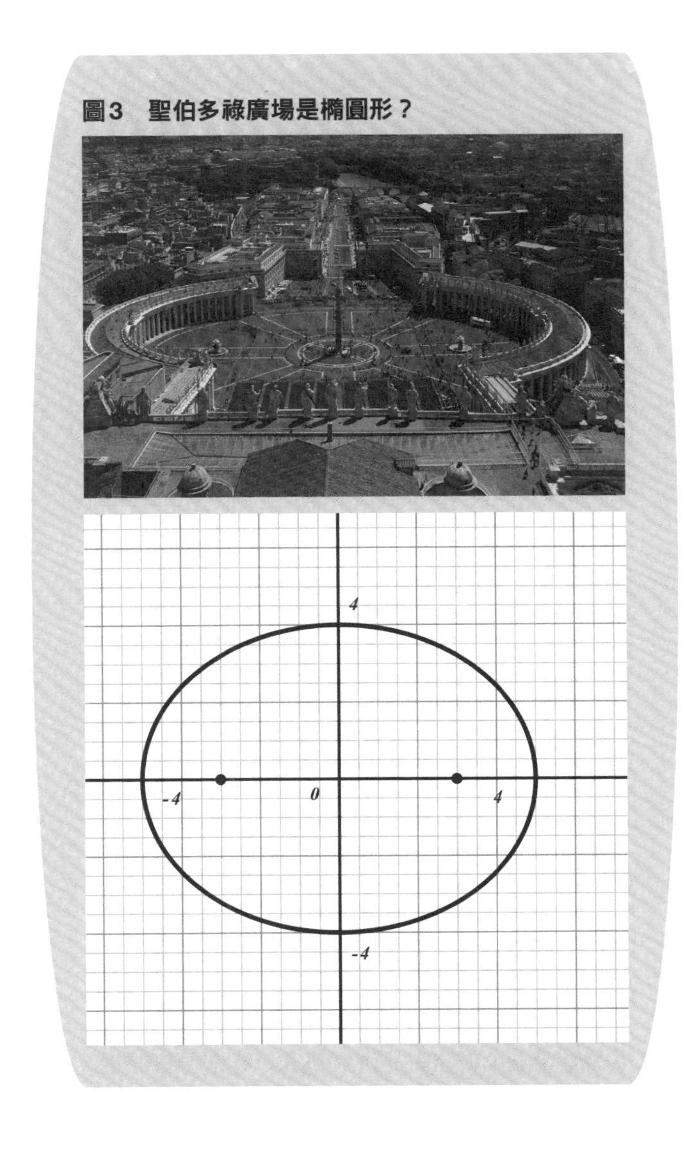
圖3　聖伯多祿廣場是橢圓形？
4
-4
0
4
-4

為什麼GPS可以透過衛星得知目前的所在位置？

▼畢氏定理就在身邊，而且還不能少了它！

現在的車用導航系統或智慧型手機上的地圖APP都有非常方便的GPS功能，而GPS也早已是理所當然的存在。就算是在錯綜複雜的路口，GPS所顯示的位置也幾乎沒有誤差，引導我們前往目的地。

最早的車用導航系統誕生於1981年，由汽車大廠本田汽車開發出第一台配置映像管顯示器的汽車導航系統。經過歲月的更迭，現在幾乎所有的汽車都配備了車用導航系統。我們早已習慣這項便利的功能，若是租車時租到一台沒有導航功能的車，就會覺得很不方便。

各位說不定都知道，GPS所顯示的位置資訊全都來自於外太空的衛星。實際上若要得知更精確的位置，還必須動用到好幾台衛星。接著就來說明GPS是如何利用衛星掌握位置資訊的。

圖1　衛星是如何掌握位置資訊的

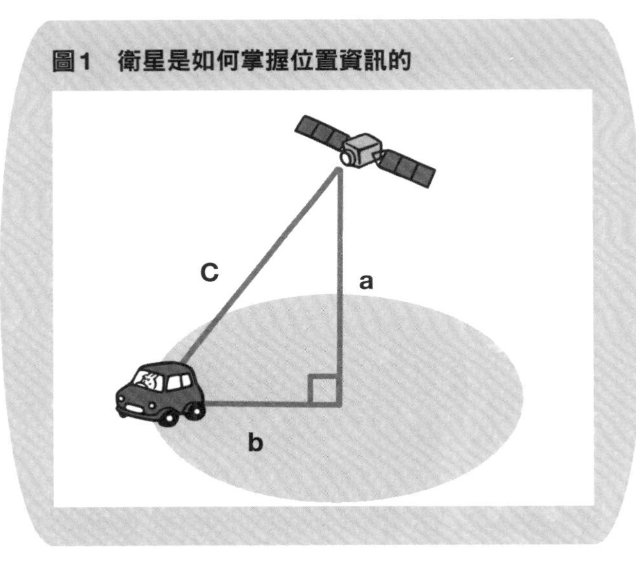

如圖1所示，衛星到地面的距離為a、衛星垂直投影於地面的位置到車子的距離為b、衛星到車子的直線距離為c。

a與c的距離都是與衛星之間的直線距離，因此，衛星可以自行計算得知。知道了a與c的距離後，就可以利用畢氏定理（詳細請參考下一頁）計算出b的距離了。

不過，如果只有一台衛星時，我們知道的就只有距離而已。也就是說，若以衛星投影至地面的那一點為圓心，我們最多只能知道在「半徑為b的圓周上有一台車」。那這樣該怎麼辨呢？

▼既然一架衛星測量不出來的話……

其實，GPS不只一台衛星在運行。如圖2所示，當有2台衛星在運行時，我們就可以知道車子的位置可能在這兩個圓周的交點d或e上。再加上一台衛星，3台衛星同時運作的話，3個圓周的交會點e就會是唯一的焦點，也就是車子的所在位置。現在已經有許多衛星在太空中運行，所以我們可以獲得更加準確的位置資訊。

跟各位分享，其實我自己在散步時喜歡先看好地圖或在腦中確認好方向後再出發，反倒不會使用GPS。先確認好東西南北的方向、現在的所在地與目的地之後，我不用拿著手機看地圖，也能回推兩地之間的距離與所需的行走時間，再一步一步走向目的地。持續這樣做後，我

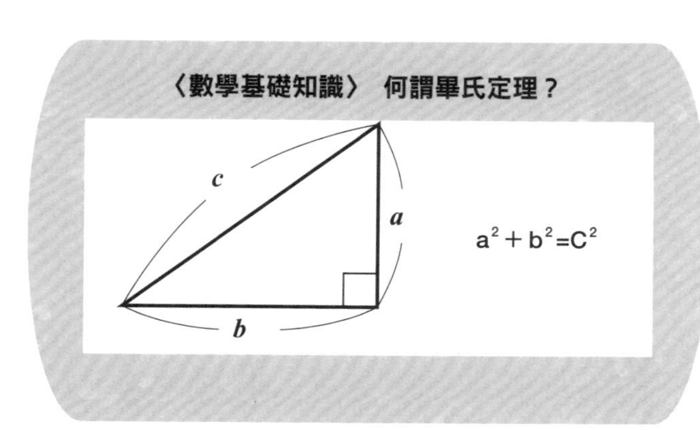

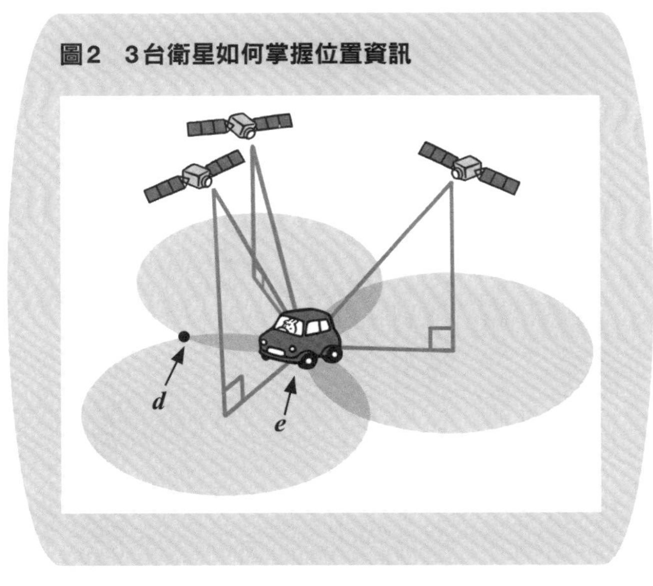

圖2　3台衛星如何掌握位置資訊

會覺得腦袋中的那幅地圖就會自動開啟導航，帶我到達目的地。另外，因為我還會回推所需時間，這樣也可以知道這段路的距離需要走多久才會到達。

時間與空間認知能力也算是數學能力之一，我覺得這樣的生活方式有助於提升這項能力，也推薦給各位。

以為一輩子都用不到的三角函數就在你身旁！

▼每天都會用到的那個就有三角函數！

三角函數（sin、cos、tan）是高中數學的必修內容，但……人生中有用到三角函數的情況嗎？真的有必要學三角函數嗎？這大概是許多人心中的疑惑。而且，伴隨著三角函數的還有一大堆充滿符號的公式；想必也有光聽到三角函數就會產生抗拒反應的人。然而三角函數其實就在離我們非常近的地方。

直接公布答案，那就是我們每天通勤上班或上學都會用到的**階梯**。那……就由我來介紹階梯是怎麼運用三角函數的吧。

首先來瞭解所謂的三角函數，也就是三角形的**三邊比例**。

階梯是由踏板寬度、踏板深度（踏面）與台階高度（踢面）所構成的。這三個部分在日本的

〈數學基礎知識〉
何謂三角函數？

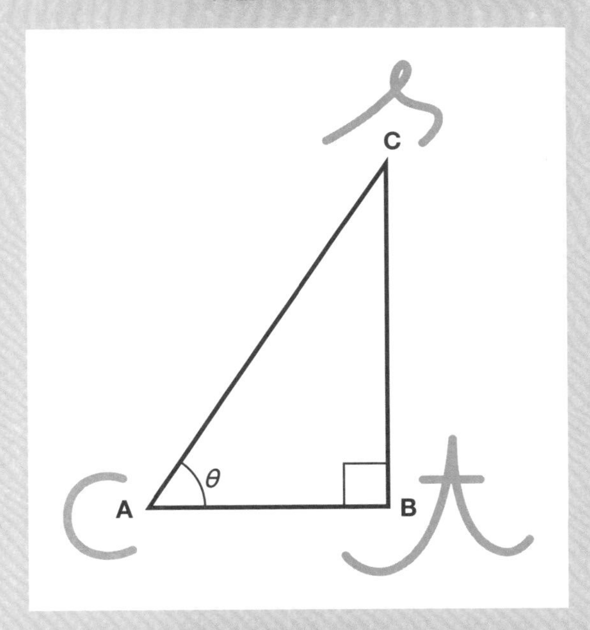

直角三角形ABC，以角B為90°，則：

$$\sin\theta = \frac{BC}{AC}$$
$$\cos\theta = \frac{AB}{AC}$$
$$\tan\theta = \frac{BC}{AB}$$

建築基準法中都有規定相關的長度，只要在規定範圍內，蓋成什麼樣的階梯都行（圖）。

假設樓梯的踏板深度30cm、傾斜角度30度，要怎麼算出台階高度呢？這時候只要使用三角函數中的正切函數（tan），便可以輕輕鬆鬆寫出算式（左頁算式）。

將三角函數加以運用，我們也能算出富士山從山腳至山頂的斜面距離。就以富士山頂的高度為３７７６ｍ、平均傾斜角度25度來計算看看吧（計算）。

答案是９４４０ｍ。至少要行走９km以上才能抵達富士山的山頂。除此之外，像是寺廟的階梯長度、滑雪場的坡道長度等，各種有傾斜角度的距離或長度都可以簡單地計算出來。使用三角函數就能粗略算出身邊各種距離、高度、角度等等。

三角函數的出現可說是重要至極，要是沒有三角函數的話，大概也不會有所謂的大航海時代。三角函數不僅在以前扮演著重要角色，正如方才所提及的階梯應用，在現代，各式各樣的建築情境中也是不可或缺的要角。我們習以為常的階梯，就有數學悄悄藏匿在其中。發現這神奇的應用之後，各位有沒有覺得還好自己有學過三角函數呢？

圖　樓梯都是根據建築基準法的規定？

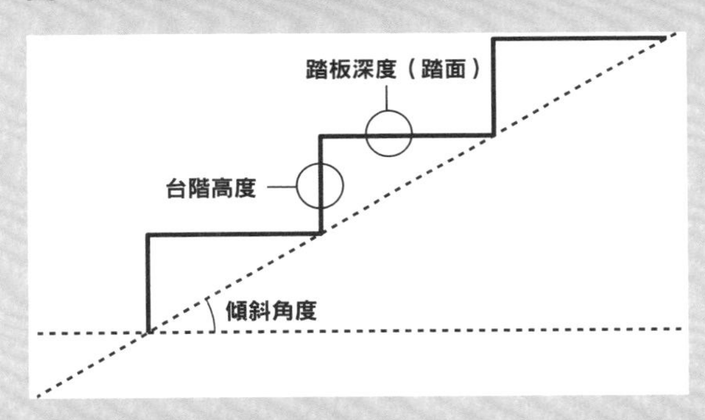

踏板寬度：750*mm* 以上
踏板深度：150*mm* 以上
台階高度：230*mm* 以下
理想的傾斜角度：30°～35°

算式
假設踏板深度為30*cm*、台階高度為*Ycm*，傾斜角度30°

$\tan 30° = Y \div 30$

$Y = \tan 30° \times 30$（$\tan 30° = \frac{\sqrt{3}}{3} \fallingdotseq 0.58$）

$= 17.4$（*cm*）

計算
斜面的距離＝*Y*，富士山山頂的高度3,776*m*，
傾斜角度25°

$\sin 25° = 3{,}776 \div Y$

$Y = 3{,}776 \div \sin 25°$（$\sin 25° \fallingdotseq 0.4$）　$Y = 9{,}440$（*m*）

將人生獻給數學的高中青春故事

這是一本數學×青春的漫畫，故事題材相當新穎。故事的主角是入學成績第一名的高中生——小野田春一。他在入學典禮的講台上向眾人宣布他的目標是數學的最高殿堂——國際數學奧林匹亞，為故事拉開了序幕。熱血男孩腳踏實地解決各種數學難題，而同樣喜歡數學的辣妹七瀨真美則是打破框架，用所謂的「自學」模式與數學交手。這兩人的相遇，產生了不可思議的化學反應。

這部作品中出現的數學問題，都是以數學奧林匹亞為目標的人真正會面臨的難易度，從故事人物在面對這些難題時的對話與情緒，都能感受到那份臨場感。

在與作者藏丸先生對談時，我詢問了他對這部作品的想法，當時藏丸先生給的關鍵字就是「用數學寫下青春」。這部作品是本數學之書，更傳達了與數學過招的少年少女的「青春」。

此外，這部作品也展現了唯有漫畫才能表現出的數學魅力。看著他們寫下解答、面對難題時的表情，相信各位一定也能感受到全新的數學魅力。

《数学ゴールデン 1》
（數學Golden）
2020年6月26日發行
藏丸龍彥　著
白泉社

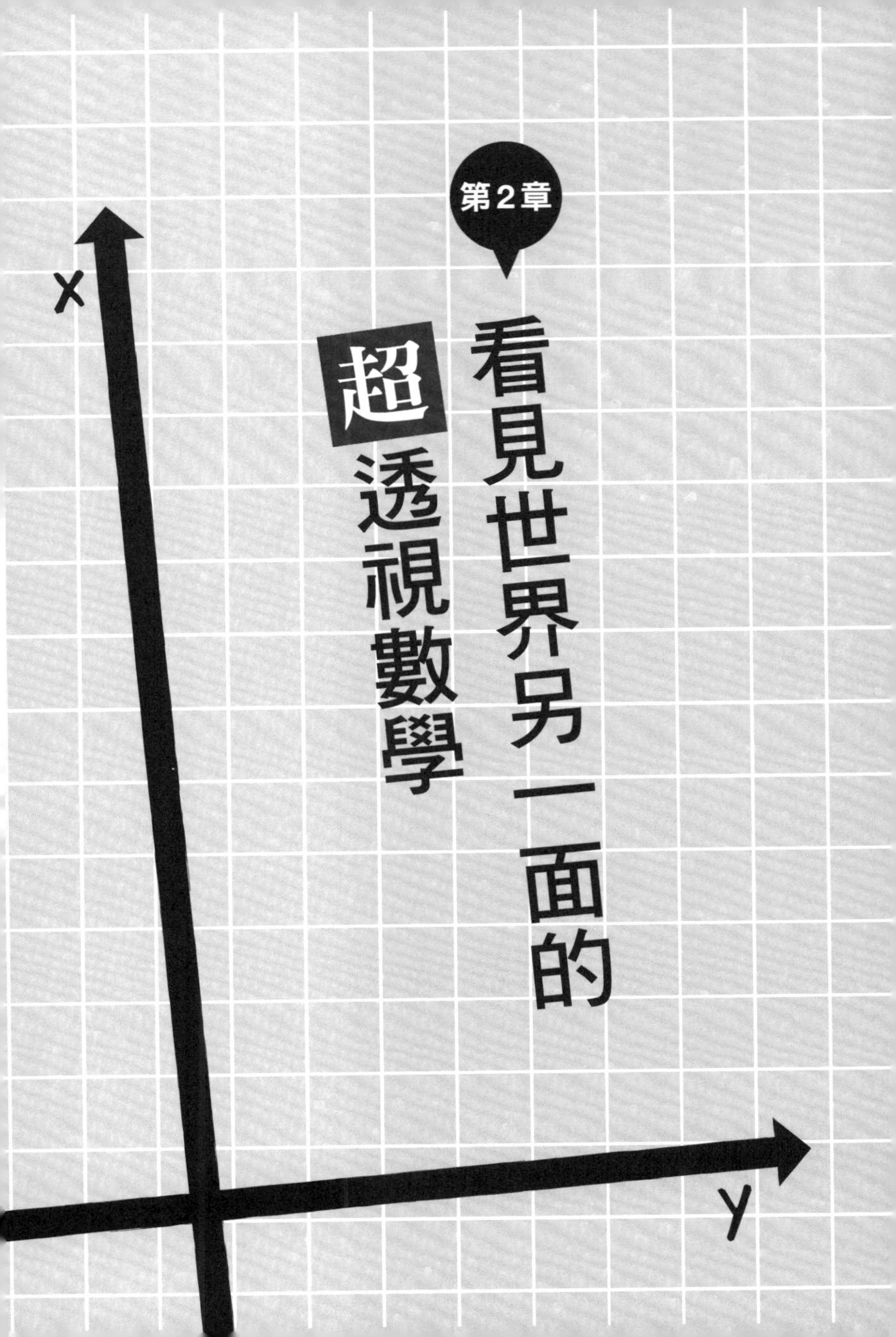
第2章
看見世界另一面的
超透視數學
x
y

一到投票截止時間就公布當選預測的不可思議現象

▼明明就還沒有開票跟統計票數……

每當日本舉行國會議員選舉等備受矚目的選舉時，在投票截止時間晚間8點左右，電視台就會開始播放選舉特別節目。而且，節目才剛開始不久就公布關於選舉的當選預測。

看到這些節目，網路上就會出現：8點才投票截止，馬上就知道結果這也太奇怪了；這個肯定有作票、這是陰謀；是假消息！等各種質疑。

其實並沒有什麼作票或陰謀，而是電視台做了「出口調查」，並以調查結果進行統計，再依據統計分析後的結果做出當選預測的新聞報導。

所謂的出口調查，指的是在投票所出口處訪問前來投票的民眾是投給哪位候選人。各家媒體為了預測當選結果，都會在正式開票前進行出口調查。其實，這項出口調查只需從大約每一百個人中訪問1個人就可以完成調查了。為什麼這項調查的受訪人數這麼少卻能得知哪位候選人當選呢？就讓我來介紹其中的原理。

各位也許都以為出口調查的受訪人數會根據每一場選舉的規模進行調整，像是：全國性的大選舉其受訪人數就比較多，地方性的小選舉受訪人數就比較少。實際上，在民調訪問或是問卷調查中，只要能訪問到一千五百～二千人的意見，那麼不管總數是10萬人還是1億人的選舉，其結果幾乎都是一樣的。

統計學中有一種抽樣調查，這種調查方式並不針對全體對象進行調查，而是蒐集具有一定可信度的數據。未針對全體對象進行調查的數據與結果當然會有誤差（抽樣誤差），但還是可以透過一些方法來降低抽樣誤差，像是：將樣本增加至一定的數量、盡可能減少調查偏頗的情況等等。

舉幾個生活中有關這種統計學方法的例子，例如：節目收視率、產品中有多少不良品，都經常使用抽樣調查。

▼懂統計才會超有效率

假設有間工廠生產一百萬件產品，現在要調查其中有多少不良品，請各位一起來想想要怎麼做吧。如果這一百萬件產品都要一件件地以人工進行檢查的話，那肯定是個大工程。如果我們隨機抽選出一定數量的產品，並計算出當中有多少件不良品，就可以推算出全體產品的不良品比例了。這方式看起來似乎更有效率。

我們用更具體的數字來看：從一百萬件產品中隨機抽出2千件來檢查，若這2千件產品中有10件不良品，那我們就知道這批產品中有0.5%不良品，因此可以推估出一百萬件產品會出現5千件左右的不 良品。

所以除非選情非常膠著，難以分出勝負，否則使用這項統計學理論進行出口調查，只要受

〈數學知識〉
樣本數量只要1,500就足夠？

在選舉調查中，樣本數量是根據具有投票權的人數來決定的。假如有1億人具有投票權的話，那麼樣本數就是1,500～2,000人。

不過，若是以有1,000人的某間學校為對象進行問卷調查時，樣本數量就不需要達到2,000。我們來試想一下需要多少樣本數，根據以下的公式可以算出所需的樣本數。

$$\frac{N}{\left(\frac{E}{k}\right)^2 \times \frac{N-1}{P(100-P)} + 1}$$

N＝全體的調查對象（目標母體）
E＝可容許的誤差範圍
P＝假設的調查結果＝50（％）（50％會達到最大樣本數）
k＝信度係數＝1.96（信心水準通常都以95％為基準）

計算以後，結果如次頁的表格所示。

訪人數達到2千人，那麼不管母體數量是多少，統計結果就會跟真正的選舉結果相去不遠。電視台就是根據這份調查來預測當選結果的。不過，當出口調查的結果只有些微的差距時，電視台自然就不會播報了。

▼幾乎沒看過出口調查的原因

日本在2021年7月舉行東京都議會選舉，當天一如繼往，一到晚間8點電視台就公布了候選人的當選機率。

根據日本NHK電視台的記載，他們是在東京都內的484個投票所進行出口調查，並以具有投票權的4萬3600人為訪問對象，最後訪問到2萬6359名的受訪者。

表　調查數量與必要的樣本數

N（調查數量）	必要的樣本數
2	2
100	94
1,000	607
100,000	1,514
10,000,000	1,537
1,000,000,000	1,537

2萬名以上的受訪者遠遠超過我們先前所說的2千人，可說是相當大的樣本數量了。這場選舉果不其然也在網路上引起一陣騷動。

不過，有些人還是會有一些疑問，例如：我怎麼都沒遇到做出口調查的人？為什麼出口調查一下子就做完了？等等。這些問題也不難，各位立刻一下就能聽懂的。

以NHK電視台的出口調查為例，全體的投票數大約是470萬票，所以按照比例以4萬3600人為訪問對象就是從一百人中選一位民眾來訪問。

在484個投開票所進行訪問，那麼平均每1個投開票所只要訪問到90個人就行了。開始投票的時間是上午8點30分，到投票截止大約有10個小時，所以每個小時只需訪問9個人。這樣看起來好像真的不太可能遇到出口調查呢！

這個章節只是要跟各位分享電視台就是利用統計方式來進行出口調查，再根據調查結果發布當選預測。而各位手中的每一票都是決定國政的重要一票。

令人懷疑的「日本景氣好轉」所隱藏的圈套

▼讓人覺得新聞內容不太對勁的圈套

「日本的景氣好轉，日本人的平均年收入也增加。」看到這樣的新聞報導，各位可能都會有點疑惑，心想：「莫非……除了我們公司以外，其他公司的景氣都變好了？那我是不是該跳槽了？」請各位別這麼衝動，其實這些新聞都隱藏了「平均」的圈套。

根據日本國稅廳的民間薪資實態統計調查（2019年），日本人的平均年收約為436萬日圓。只看這個數字的話，我們都會覺得一般來說大家都有436萬日圓的年收入。

不過，如果參考圖1就會發現平均年收（400～500萬日圓）的族群約占整體的15％。不僅如此，年收在400萬日圓以下的比例大約是整體的54％，年收在300～400萬之間的族群占了最大

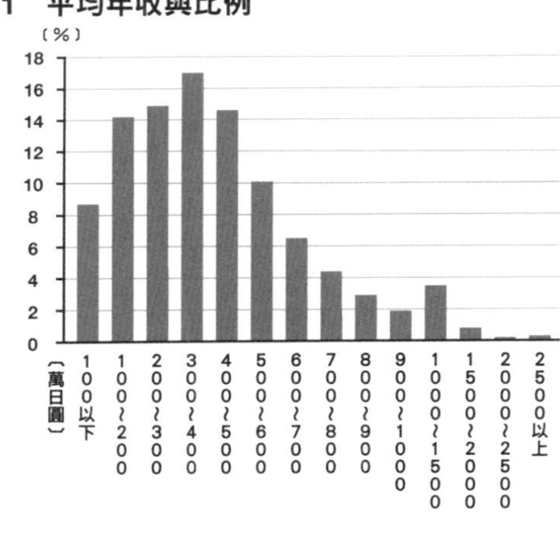

的比例。

平均年收雖然在400萬日圓以上，但實際上卻有超過一半的日本人年收不到400萬日圓。我們在看到類似新聞都會覺得很不對勁，就是因為這個「平均數陷阱」。那為什麼會有這樣的陷阱呢？我們一起來看看吧。

假設某個地區有10個人，其中9個人的年收都是300萬日圓，第10個是收入１８００萬的資本家。單純計算的話，這個地區的平均年收就是450萬日圓。假如以平均年收450萬日圓的標準在這個地區推行各種政策的話，我想這9個人應該都沒辦法接受吧。

但只看前頁的計算，各位是不是依然不瞭解什麼叫做平均呢？

▼要聚焦在統計資料的哪一部分，才看得到真相？

我們在看統計數字或表格時，都容易聚焦在平均數上，但除了平均數以外還有2個指標，那就是**眾數與中位數**。如果看資料時也能注意到這2個指標的話，就可以看到更加具體的全貌。

所謂的眾數是指數據當中出現最多次的數值；中位數則是全體數值依序排列時，恰好位在最中間的那個數值。

在前面的例子當中，眾數是300萬日圓，而中位數則是從收入最高者向下數至第5個人的年收，剛好也是300萬日圓。所以，若是注意到數據中的眾數與中位數，就會發現一個事實，那就是這個地區有大半數的人年收入都是300萬日圓。這樣的解讀是不是跟只看平均年收450萬日圓有很大的不同呢？

表　2個地區的儲蓄總額皆為「5000萬日圓」

	A地域	B地域
中位數	300	400
平均數	500	500
眾數	100	600
1	2500	2100
2	500	600
3	500	600
4	500	600
5	300	400
6	300	400
7	100	100
8	100	100
9	100	50
10	100	50

單位：萬日圓

眾數、中位數與平均數等指標都被稱為代表數，是掌握整體情況的重要切入點。

也有一些資料光看中位數與平均數還不夠，若沒有仔細觀察眾數，就沒辦法下判斷。

▼平均數與中位數的陷阱

我們再舉一個暗藏陷阱的例子。

A地區與B地區各有10個人。這兩個地區的儲蓄總額都是5千萬日圓，平均數為500萬日圓。A地區的中位數是300萬日圓，B地區則是400萬日圓。如果只看平均數跟中位數便做判斷的話，就會以為這2個地區的人似乎都很會存錢。但當我們接著看眾數與其中的細節時，也許就會有不一樣的看法了（上頁表）。

A地區的眾數是100萬日圓，有4人；B地區的眾數是600萬日圓，有3人。

這樣各位是不是都明白只看平均數跟中位數便做判斷的話，就無法看見其中的真實樣貌，一定還要仔細觀察其他的隱藏部分，這樣才能有不一樣的看法。

像這樣才10個人的數據就已經讓我們對資料的本質產生錯誤的理解了，以全國民眾或全球人口為對象的調查，想必就會產生更多的誤差或誤解吧。

▼看圖片便一目瞭然！

最後我要來介紹一個例子，讓各位明白為何一定要看完統計資料的細節後才做出判斷。

英國統計學者弗朗西斯·安斯庫姆在1973年提出了稱為**安斯庫姆四重奏**的數據，我根據這份構想將某幾組數據畫成座標圖（圖2）。

圖2　符合安斯庫姆四重奏的數據

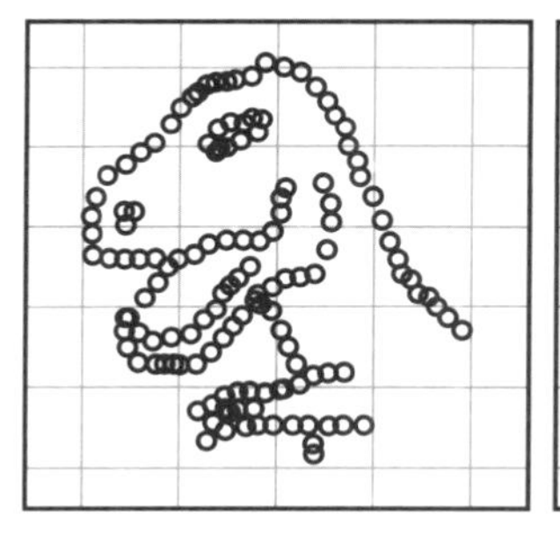
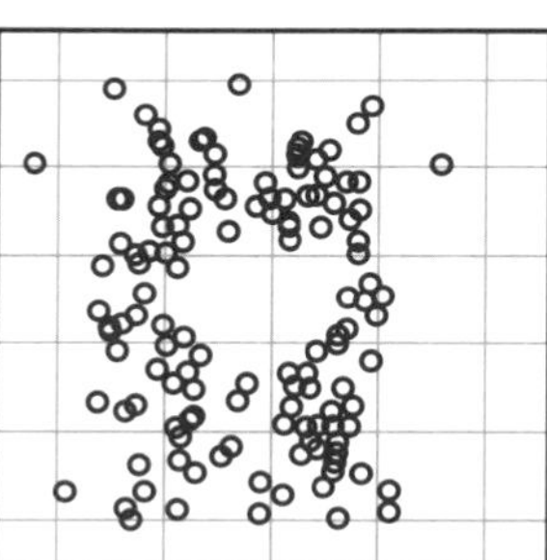
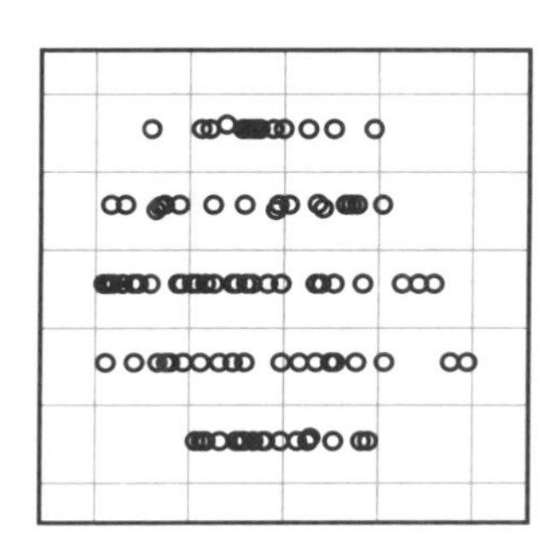
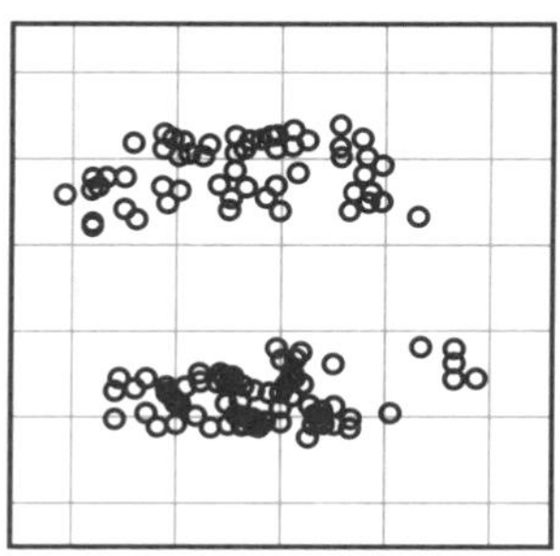
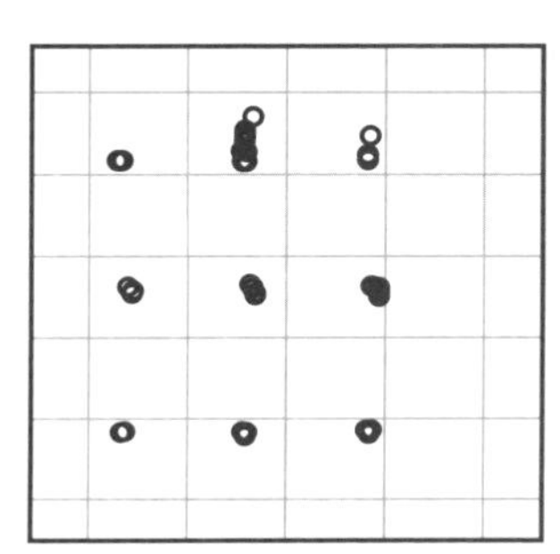
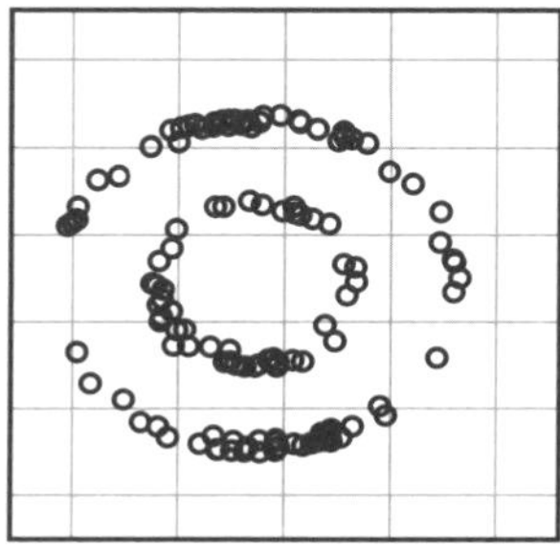

若以先前介紹過的代表數來看，這幾組數據的平均數都是一樣的。每張圖都有各自的縱軸與橫軸，但不管哪一條軸的平均數都是一樣。不僅如此，像是用來詳細解析統計資料的相關係數（簡單來說就是一個用來表示縱軸與橫軸位置相關程度的指標）、樣本變異數（簡單來說就是數據的離散程度）等等，這6組數據的各項指標數據幾乎都是一樣的。這6組數據的分佈看起來完全不同，但統計學上用來解析的指標卻完全一樣，真是非常不可思議的例子。

統計與圖表終究只是參考。我們身邊充赤著各種資料，像是：平均年收、平均儲蓄額、平均投資額……別被這些數值迷惑而搖擺不定，睜大眼睛好好確認才是最要緊的。

只看圖表是不對的

人造奶油的消費量與離婚率之間的驚人關係

▼數據顯示的就是正確的？

你們知道嗎？人造奶油的消費量降低，離婚率竟然也會跟著降低。下一頁是這兩項數據的圖表，說不定人造奶油添加了某些促使夫妻離婚的危險成分。

下頁的圖表顯示「人造奶油的消費量」與「美國緬因州的離婚率」的變化。這2項數據的變化幾乎一致，是不是讓各位覺得這兩者之間好像有什麼特別的關係呢？

事實上，人造奶油的消費量與美國緬因州的離婚率並不存在任何因果關係，完全只是湊巧出現一樣的變化而已。

圖　人造奶油消費量與離婚率的變化

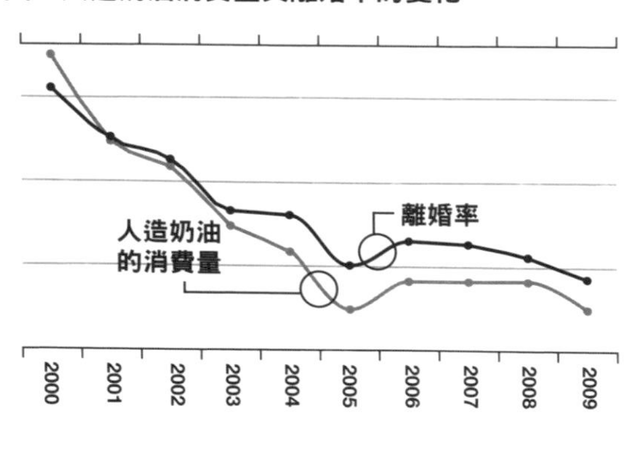

像這樣不具備因果關係，卻恰好看似有某些關聯的狀況就稱為「虛假關係」。

在現今這個有著各樣數據的資訊社會裡，只要一點點的巧合或不一樣的見解就會出現這種虛假關係，造成誤會。

▼冰淇淋的銷售量與泳池意外事件數的關係

除了上述的例子外，像是冰淇淋的銷售量與泳池意外事件數的變化也很相似。這兩者之間並不存在因果關係，而是有別的原因才會有出現這樣的結果（因為是夏季特性或是氣溫因素）。

單以這2項數據就做出應該是冰淇淋分散了戲水者的注意力，才導致泳池意外事故的推論，這實在是過於草率了。當然，這樣的情況是不可能發生的。

冰淇淋賣得好是因為天氣炎熱的關係，而泳池事故多也是因為天氣變熱，到泳池玩水的人也變多了所導致的。

換句話說，冰淇淋的銷售量與泳池意外事件數是相關的關係，但二者之間卻不存在因果關係。

要是不曉得所謂的虛假關係，說不定就有可能會出現「進入泳池前不可以吃冰淇淋」這樣的規定呢！

悖論：平均數既是較高的，也是較低的。這是怎麼一回事？

▼平均的悖論

「這世界到處都充滿著矛盾！」我想各位應該都有過想這麼吶喊的念頭。這時只要用數學方式加以分析，說不定這些惱人的問題就能迎刃而解了。

這小節要介紹的是統計學中的「悖論」。所謂的悖論是指看似正確，但實際上卻不盡如此（或截然相反）的事情或現象。

數學之外的各個領域都有被稱為悖論的事情或現象，而涉及到統計學的悖論就稱為「辛普森悖論」。

我們以某個模擬考的分數為例，來介紹何謂辛普森悖論。

在參加了補習班的招生說明會後，終於到了要在A補習班與B補習班之間做出選擇的關鍵時刻了。最後決定將以上次模擬考的成績作為選擇補習班的標準，所以就去這2間補習班詢問他們有關模擬考的成績結果。聽到以下的說明後，我開始感到有點混亂了，這到底是怎麼一回事呢？

「我們理科班跟文科班的同學都參加了模擬考，且平均成績也比B補習班高；因為我們有很多優秀的同學。」 A補習班的負責人如是說也。

但B補習班的負責人也不甘示弱：

「你在說什麼呢？我們補習班也參加了模擬考。請看清楚，我們理科班的平均分數高了你們補習班5分，文科班的平均分數也比你們高了5分！」

兩邊都說自己的平均分數比較高，互不相讓，兩邊看起來也不像在說謊。

為什麼會變成這樣呢？讓我們來詳細看一下吧。

▼看完平均的細項再做判斷

A補習班　理科班有70人　平均分數70分
**　　　　　文科班有30人　平均分數55分**

B補習班　理科班有20人　平均分數75分
**　　　　　文科班有80人　平均分數60分**

怎麼看都是B補習班比較厲害啊！別急，讓我們來算算A、B補習班的總平均（計算）。

A補習班　平均65．5分　B補習班　平均63分

計算　A補習班理科班與文科班的學生總人數是100人。模擬考的總平均分數為：

（70×70＋55×30）÷100＝65.5（分）

B補習班的總平均分數為：

（75×20＋60×80）÷100＝63（分）

假如只看總平均的話，A補習班的成績比較好，但如果看各班成績的話，結果就完全相反了。眨眼間便出現這種難以置信的現象，這就是所謂的辛普森悖論。

如果是單看模擬考的成績來做選擇的話，我們會選A補習班，但如果篩選的標準是看文理分班後的成績表現，那麼就會決定去成績更好的B補習班理科班。

當我們將文科班與理科班的成績分開來看的話，那麼去B補習班看起來會是更好的選擇。但其實也可以用「這間補習班讓很多人都有報考理科的動力」的角度去看待A補習班的表現。肯定也有學生在考慮到自己的成績或學習動力後，覺得A補習班更適合自己。

只要像這樣以數學的思維方式來做分析的話，就算是讓人覺得頭疼的問題，一樣可以建立起選擇標準。徬徨時，數學觀點有助於我們做出選擇，這是無庸置疑的事。想一想如何套用上述例子來解決那些困擾你的事情，這也是相當重要的。

「今天過得不太愉快」這也有數字化的指標？

▼人的感覺可以換算成指標？

「今天不太好過。煩躁指數大概有70吧。」

各位可能會感到有點困惑，我到底在說什麼啊。

最後一定會得到黑白分明的答案，這是大多數人對於數學的印象。而「煩躁感」這類感官情緒似乎跟數學扯不上關係。不過，像這種模稜兩可、因人而異的個人感受居然也可以以數字化的指標來呈現！讓我來介紹令大家感到意外的數學吧。

開頭提到的「煩躁指數」是種表示悶熱程度的指數，它是根據氣溫與濕度來進行計算的（公式1），用以表現體感溫度。

看起來很複雜，但如果各位還記得國中自然課裡的乾溼球溫度計的話，那麼還有一個簡單一點的公式（公式2）。先來複習一下所謂的乾溼球溫度計，也就是將感溫球包上浸溼紗布的溫度計。水在汽化（液體變成氣體的現象）時需要吸收能量，所以紗布周圍的熱量會被吸走。汽化所需的熱量就是所謂的汽化熱，到此各位還記得嗎？

當周圍的空氣愈乾燥，水分就愈容易蒸發。因此，紗布被吸收的熱量就愈多，乾溼球溫度計的溫度也會下降的越多。相反的，當空氣中的溼度較高時，水分就不容易蒸發，乾溼球溫度計的溫度也不會改變。這就是乾溼球溫度計的原理。

【溼度較低時】

水分容易蒸發↓帶走較多熱量↓乾溼球溫度計的溫度下降

【溼度較高時】

水分不易蒸發↓室溫與乾溼球溫度計的溫度變化小

公式1　煩躁指數＝0.81×氣溫（℃）＋0.01×溼度（%）×{0.99×氣溫（℃）−14.3}＋46.3

公式2　煩躁指數＝0.72×{氣溫（℃）＋乾溼球溫度（℃）}＋40.6

▼啤酒指數、響度……怎麼還有這麼多的指標？

煩躁指數可以表示9個程度的體感（見左表），包括：冷到受不了、熱到受不了等等。如果是日本人的話，當煩躁指數超過77時，就有約65%的人會覺得不舒適；若到達85，則有93%的人會覺得不舒適。

如果是美國人的話，當煩躁指數超過80時，幾乎所有人都會覺得不舒適，說不定這是因為美國人對溼度高的環境更加敏感。不過，煩躁指數終究只是一個指標，個體差異、服裝、身體狀況等，都會大大影響我們對於舒適的感受。

如果各位覺得計算煩躁指數很麻煩的話，也可以直接參考日本氣象協會經營的tenki.jp（http://tenki.jp），這個網站每天都會公布日本全國各地的煩躁指數。除了煩躁指數外，該網站還提供啤酒指數、防蚊指數、冰淇淋指數等數據。

除了這些指數之外，還有很多將感覺換算成數值的指標。我再介紹一個就好，那就是生活常見的表示音量大小的「響度」。這個指標是用來表示人們感受到的聲音大小，跟表示聲壓的分貝（dB）不同。每個人對於聲音的感受都不一樣，所以響度也可以說是表示聲音大小的感覺量。

順便跟各位講一下，震度是用來表示地震強弱的，由設置在各地的震度計自動收集數據得來的，並不是根據人體的感覺所製成的指標。不過，據說以前真的是根據氣象廳職員的體感做出「這是震度4」之類的判斷，日本在1996年廢除了這種判斷方式。

表　煩躁指數

指數	感受
85～	熱到熱不了
80～85	每個人都覺得不舒適
75～80	一半以上的人覺得不舒適
70～75	漸漸有人覺得不舒適
65～70	舒適
60～65	沒感覺
55～60	有點涼意
50～55	很冷
～50	冷到受不了

〔參考〕富山縣關於地球暖化的調查研究
－富山縣內的煩躁指數區間－

煩躁指數或響度等指標，都是人類試著把感覺換算成數值，好讓大家可以更容易地想像原本非常主觀的感覺，且在經歷一連串的挑戰後才誕生的。

你也希望每條彎道都這麼做嗎？零交通事故的神技曲線

▼藏在混凝土之中的數學

各位知道道路中也藏著數學嗎？接著就來介紹彎道中所隱藏的數學法則。

任何人都不想開車時發生交通意外，說不定遇過以下情況的駕駛都曾嚇出一身冷汗。

●彎道的地點和視野都不錯，但就是很難過彎。

●過彎時一不注意，方向盤就偏掉了。

●明明已經控制好速度了，但過彎時如果不繞大圈一點就會跨越分隔帶，衝出車道。

圖1　曲率愈來愈大的克羅梭曲線

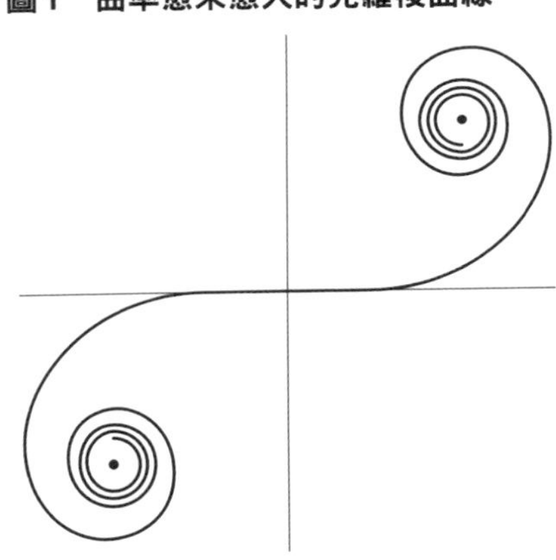

像這種不曉得為何總會出現事故的彎道（在日本稱為「魔之彎道」），其問題有時可以透過數學來解決，藉此改良彎道的設計。這都得感謝高速公路、鐵路等道路系統都在使用的「克羅梭曲線」。

日本高速公路的收費站都是設在交流道的出口處，但在交流道出口前通常都有一段連續彎道，好讓駕駛人能從曲率較小的彎道，慢慢移動到曲率較大的彎道，所以不必太用力就能控制好方向盤，順著彎道一直開下去。

相反地，如果是開在曲率遠遠大於克羅梭曲線的彎道時，就算速度不快，也會覺得很難過彎，且很容易就會發生事故。

▼何謂克羅梭曲線？

所謂克羅梭曲線就是一種從直線進入彎道時會慢慢放大曲率的「緩和曲線」。而道路中的緩和曲線通常都設有伸縮縫。在進入彎道時會慢慢增加曲率，而不是一口氣就從直線進入彎道，這樣解釋應該很好懂吧。

前頁的圖1是畫成螺旋狀的克羅梭曲線，呈現出曲率以一定的比例慢慢增加的樣子。可以看得出來這個曲線在一開始時比較和緩，慢慢變得愈來愈急。

那麼，我們就實際來看看克羅梭曲線的效果。圖2是比較兩個彎道之間，有無克羅梭曲線的差別。

先來看沒有克羅梭曲線的彎道。當車輛筆直行駛至進入彎道的交界點A時，就必須猛打方向盤才能進入圓曲線區間，這可得具備高度技術才辦得到啊。

假如車速不快且道路平坦，也許還比較不會發生事故，但要是在高速公路或顛簸的山路上遇到這種彎道，那就非常危險了。而且，當車輛從直線急轉進入彎道後，很常出現的就是來

圖2　有無克羅梭曲線的道路

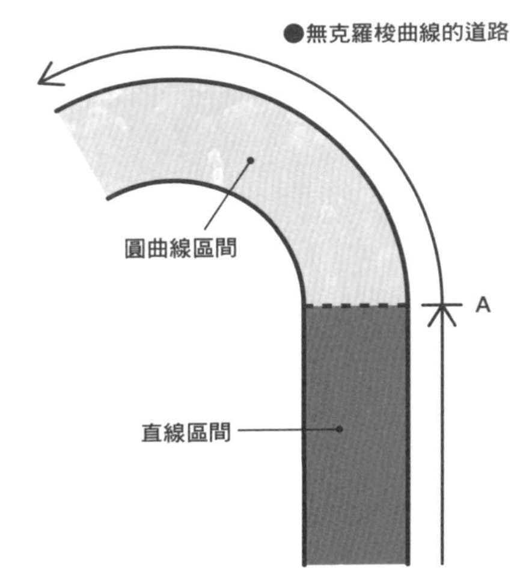

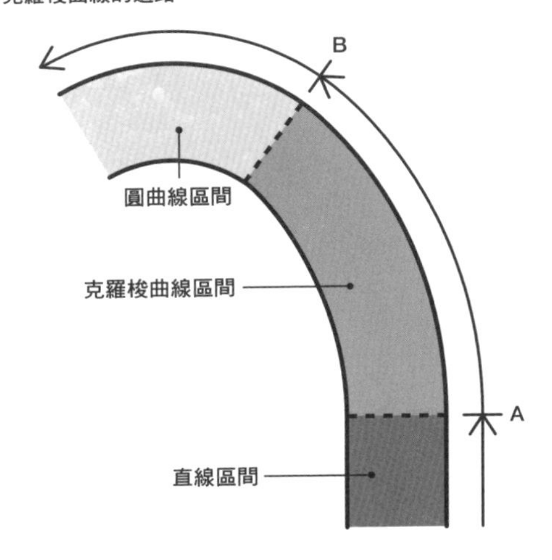

個大轉彎，導致車輛偏離車道分隔帶，衝至道路外側。這無疑就是「衝出車道事故」的原因所在。

如果彎道設有克羅梭曲線的話，在進入克羅梭曲線區間的交界A點時，只要稍微打一下方向盤，進入圓曲線區間的交界B點時也稍微打一下方向盤就可以順利過彎了，這樣駕駛就不用透過猛打方向盤來急轉彎了。

這就是解決魔之彎道的克羅梭曲線。不過，在你我都曉得的「那個彎道」上竟然沒有使用克羅梭曲線。

▼事故仍不時發生的「那個彎道」

就是小學操場上的環形跑道，這是我目前為止覺得最危險的彎道。這種環形跑道的彎道曲率會突然大幅改變，所以很容易在過彎時摔倒。

尤其是跑得快的小朋友，由於速度都很快，所以就更容易摔倒了。就連擅長跑步的我也經常在這個彎道上跌倒。要是小學操場的跑道也能加入克羅梭曲線的設計，那就不會那麼容易就跌倒了……小學運動會時，家長常會參加的大隊接力賽，摔得東倒西歪的大人也不全都是因為運動不足的關係。魔之彎道其實就藏在小學裡。

假如讓東大的教授來傳授超容易理解的數學……

看了這本書的人，肯定都會想好好地再次重溫以前在課本上學過的內容。不瞞各位，其實我自己也有這樣的經驗，就是後悔當初沒有學好社會科，所以我現在也在慢慢地重新學習。

言歸正傳，這本書可以讓我們掌握一整套國中數學，及部分的高中數學。先歸納國中數學主要都在學什麼、各單元之間的連結，以及國中數學可以運用在各領域中的哪些地方。有了這些我們便可以開始重新學習了。

那時候背的那句話指的莫非就是這個？這個單元其實跟那個單元有關！等等，這一本書可以讓讀者有不一樣的發現。市面上有許多書都可以讓我們重新學習國、高中的數學，但這本書是以對話的形式構成的，讀起來就好像是在聽作者西成老師講課一樣。搭配著數學課本或是題本，一頁一頁讀下去，一定會有更加深刻的理解。本書一開賣就成了超受歡迎的數學圖書。

《真希望國中數學這樣教》
2020年2月6日發行
西成活裕　著
美藝學苑社

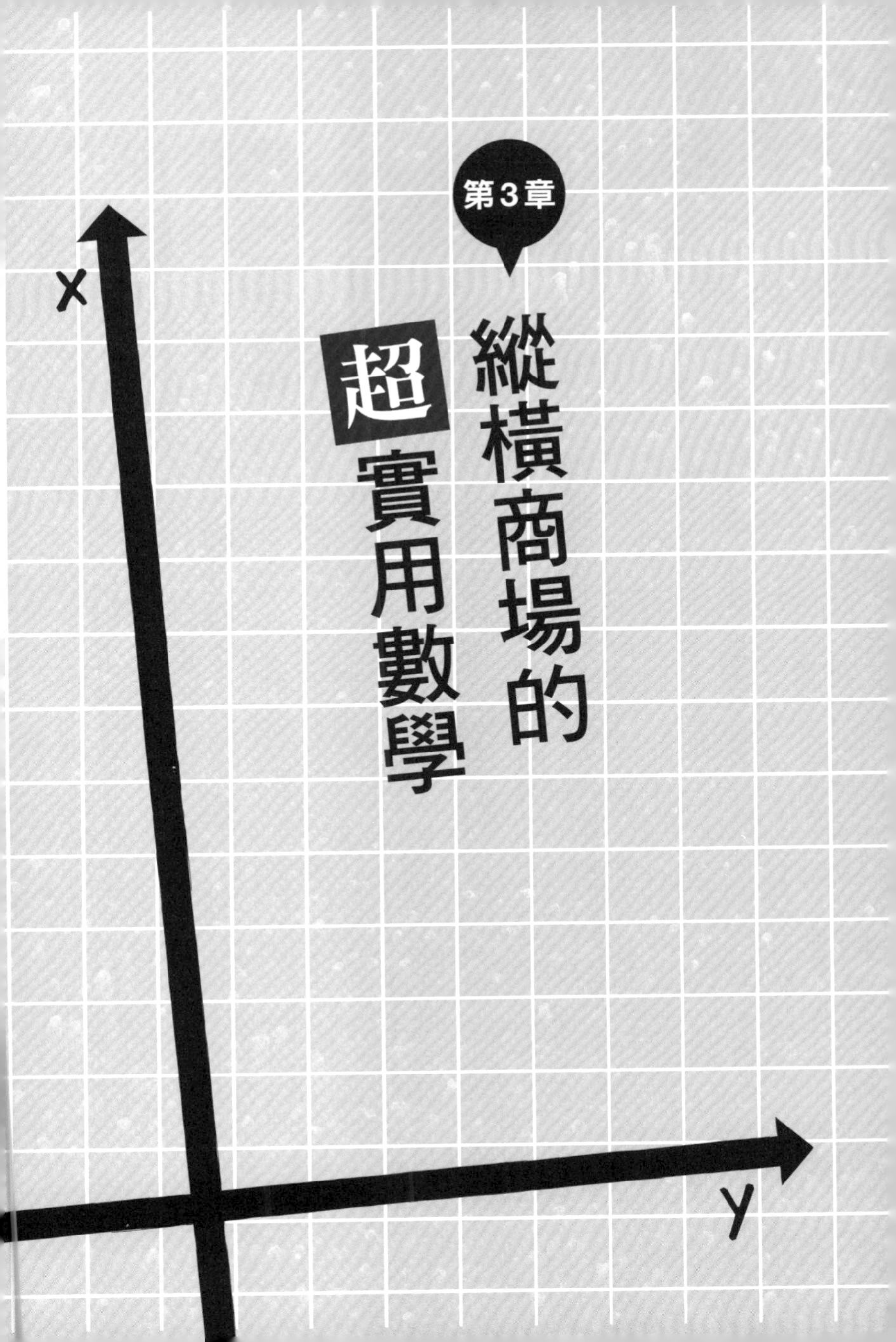
第3章
縱橫商場的
超實用數學
x
y

哪個比較可怕？哪個比較划算？請注意數字陷阱

▼哪一個國家看起來比較可怕？

在決定海外旅行地或是搬家地點時，大家應該都會先做調查，看看當地是什麼樣的地方。畢竟大部分的人都想選擇安全的地方，所以治安或交通狀況也是要仔細瞭解的重點。這時，請各位一定要注意「數字陷阱」。要掌握好對數字的感覺，才不會被數字所欺騙。

我來考考各位，請問你覺得哪個國家給你的印象比較可怕？

【A國】每天的交通事故機率是0.001%

【B國】每4人中有1人在一生中必會發生交通事故

我們會直覺地以為B國比較可怕，發生交通事故的機率好像比較高。B國的居民每4人中就有1人會發生交通事故，那我們是不是就可以放心地認為A國是個不常發生交通事故的地方呢？

但是，每一天、一生當中、0．001％跟每4人中有1人，並不能直接拿來做比較。我們就假設人的一生可以活到80歲好了，計算看看會是什麼結果吧（計算1）。

結果發現，A國與B國的交通事故發生機率幾乎是一樣的。除了這個例子外還有很多關於數字的陷阱，接下來也請各位一起來思考以下的例子。

計算1

請各位將「每天發生交通事故的機率是0.001%」換算成在80年當中發生交通事故的機率。
80年換算成天數大約是29,200天。
在29,200天中至少發生1次交通事故的機率，就用100%減掉29,200天中完全不會發生交通事故的機率來計算。
$(1-0.001\%)^{365\times80}=(99.999\%)^{29200}$
$=0.74676\cdots$（約74.68%）
用100%減掉，就是25.32%
等於每4個人中有1個人會在一生當中發生交通事故。

▼超市的○○％OFF真的有比較划算嗎？

我們再來看一個關於買東西的例子。

假設有件商品的售價是1萬日圓，C店與D店的打折算法不一樣，哪一間比較便宜呢？

【C店】75％OFF（中文意思是打2.5折）

【D店】70％OFF，結帳時再15％OFF（中文意思是先打3折，之後再打八五折）

這兩家店打完折後的價格是多少呢（計算2）。

就像以上兩個例子一樣，世上有很多事都會因為數字而改變原有的印象。請各位仔細觀察，看看在習以為常的日常生活中存在哪些「數字陷阱」吧。

計算2

【C店】75％*OFF*，這樣打完折是多少呢？

10,000×（1－0.75）＝2,500

C店打完折後的價格是2,500日圓

【D店】70％*OFF*，結帳時再15％*OFF*，這樣打完折是多少呢？

10000日圓的30％*OFF* →

10,000×（1－0.3）＝3,000日圓

3,000日圓的15％*OFF* →

3,000×（1－0.15）＝2,550日圓

C店打完折的價格是2,550日圓

瞬間就懂的賽局理論①

選擇背叛？還是緘默？被迫抉擇的思考實驗

▼明白何為最佳判斷的賽局理論

正如同到目前為止所提過的內容，數學一直都藏在我們身旁的事物中。不只如此，有些數學甚至還關係到我們的思考方式。接下來，我要介紹的就是賽局理論。所謂的賽局理論，就是在錯綜的關係之中思考該採取何種行動，才能讓自己獲得最佳利益。

賽局理論廣泛應用在商業、政治、經濟等領域中，幫助我們找出哪一個才是最佳策略。賽局理論也可以應用在日常生活，不論是學生、家庭主婦（主夫）或是在外工作打拼的人，都能派上用場。接著就請各位來看看以下的思考實驗，想一想，如果是你的話，會怎麼做。

這次要介紹的是思考實驗中相當有名的「囚徒困境」。這個名稱看起來有些誇張，請各位將自己想成是被逮捕的強盜，一起來思考這個問題吧。

犯下銀行搶案的犯人A（自己）與同夥的犯人B都被逮捕了，兩人分別關在不同的偵訊室裡接受問訊，沒辦法與對方交談。在這樣的狀況下，警察對這2個人說：「假如招認誰是主謀的話，受到的處罰就可以減輕。」問題的關鍵在於「招認與保持緘默的結果」與「犯人B招認的情況與保持緘默的結果」會導致自己的受罰程度有所不同。我們就用表格來看看會有多大的不同。

▼選擇沒有正解，只有最適合

假如2個人都閉口不談，保持緘默的話，則都要被罰200萬日圓；假如其中有一人招供，另一方緘默，則招認一方的處罰較輕，緘默一方要接受最重的處罰。如果雙方都招認的話，則雙方都會受到重罰。但是雙方都身在無法與對方交談的狀況下，所以根本就不曉得對方會

表　囚徒困境的例子

		犯人A	
		緘默	招認
犯人B	緘默	*A*：-200　*B*：-200	*A*：-100　*B*：-600
	招認	*A*：-600　*B*：-100	*A*：-500　*B*：-500

（單位：萬日圓）

- A緘默、B緘默的情況
  A的處罰為200萬日圓，B為200萬日圓
- A緘默、B招認的情況
  A的處罰為600萬日圓，B為100萬日圓
- A招認、B緘默的情況
  A的處罰為100萬日圓，B為600萬日圓
- A招認、B招認的情況
  A的處罰為500萬日圓，B為500萬日圓

選擇「招認」還是「緘默」。

明顯可以看出，2人都保持緘默會是最好的策略。但對方可能會背叛自己。假如對方也這樣想，於是2人最後都選擇背叛的話，那雙方都會接受重罰。到底該怎麼辦才好？

犯人會陷入像這樣困境，而這種狀態就稱為「囚徒困境」。

我們現在先不論自己的心情，也暫時將道德放一旁，想一想怎麼做

才是最適合犯人A的。

如表所示，保持緘默的話，處罰是200萬日圓或600萬日圓；招認的話，處罰就是100萬日圓或500萬日圓。因此，犯人A的最佳選擇其實是「招認」。各位也許會問：「那犯人B也是一樣嗎？招認才是最佳選擇嗎？」沒錯，就是這樣。當犯人A與犯人B同時招認時，2人的處罰都是五百萬日圓。當決策者像這樣做出最佳選擇，使事情塵埃落定（＝達到平衡）的情況就稱為「奈許均衡」。

原本每個人都費盡心機希望做出對自己最有利的選擇，但到最後，所有人的下場都更悲慘……我想這樣的情況在商場上也經常發生。例如：在價格競爭中，彼此都削價競爭的話，結果就是不論哪間公司其利潤都大幅下降、收益減少，諸如此類的情況應該都不難想像。

這個數學理論能夠應用在人生中的任何情境，只要深入思考，在抉擇時一定能派上用場。

瞬間就懂的賽局理論②

人事、運動、擇偶……各種情況都能運用，且獲得諾貝爾獎的「配置理論」！

▼獲得諾貝爾獎的配置理論

賽局理論常給人謀略的印象，讓人覺得好像只有在經濟學或社會學這種嚴肅領域才用得到，或者要用在商業方面才能發揮其用處，但其實這個理論跟我們周遭的生活也是有關聯的。例如：在組運動團隊時，哪些隊員適合防守、哪些適合進攻，以及各隊員的位置分配，這些都是相當重要的規劃；在工作上，把想進製作部的人跟想進業務部的人放在一起，他們的想法就會產生衝突；在婚姻介紹活動中，最重要的是讓參與者順利找到適合的對象。以上都是賽局理論的可運用場景。

接下來我要介紹的是「配置理論」，這項理論認為當我們在遇到類似上述情況時，要先考慮各自的希望、嗜好和表現等等，再找出最適合的配對。

圖　婚姻活動的配對表

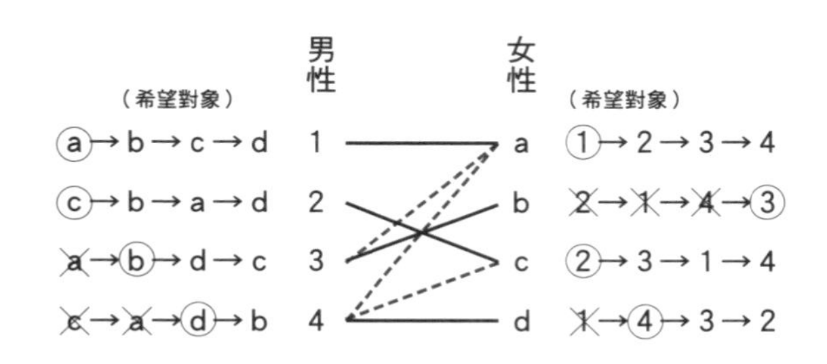

配置理論是由加州大學榮譽教授勞埃德・夏普利（1923～2016）建立基礎，哈佛大學教授（現為史丹佛大學教授）阿爾文・羅思（1951～）加以應用與發展，這項理論更讓二人於2012年榮獲諾貝爾經濟學獎。

▼用婚姻活動來介紹「配置理論」

我以男性主動告白的「男女4對4配對婚姻活動」為例來介紹配置理論。簡單來說，就是同時被2個以上的人告白的話，就接受最心儀的對象並與之配對，然後拒絕其他的告白者。被拒絕的人再去向下一順位的心儀之人告白，依此類推，直到找到配對對象。這樣一來，就會是讓全員都滿意的配對了。

如右圖所示，左邊是4位男性的希望配對順位，右邊則是4位女性的希望配對順位。活動開始，4位男性都向自己心中的第一順位女性告白。女性a與女性c分別受到男性1與男性3的告白，且彼此都視對方為第一順位因此配對成功。配對組合為男性1：女性a、男性2：女性c。

因為男性3的第1順位女性a已與男性1成功配對，因此需向第2順位女性b告白；男性4的第1順位、第2順位女性皆與其他男性成功配對了，因此需再向第3順位的女性告白。最後，配對成功的為男性3：女性b、男性4：女性d。如此一來便成功完成4組配對。

在這4對情侶中，即使有人只是對方的第4順位，但就整體而言，這樣的配對方式讓所有的參與者都感到滿意。另外，如果是由女性來進行主動告白的，最後的配對結果依然不會改變。

在聽取雙方的希望後再做出決定，配置理論就是一項方便又好用的分配方式。所以只要運用得宜，我想一定也能應用在職場上。

一千VS 200……在絕對不利的情況下成功逆轉的奇蹟法則

▼從戰爭中發展出的軍事戰略

「在地小企業勝過全國性的大型企業，榮登當地市占率第一的寶座。」

「中小企業靠著無微不至的顧客服務，搶下大型企業的大批顧客，現正急速成長。」

像這些關於小型企業取得勝利的商業新聞或消息，都讓人非常有興趣，令人不住地思考他們是用了什麼樣的戰略或是出現了什麼戲劇性的事件，才得以勝過大企業所擁有的龐大人才及資源。接下來我就以數學角度，介紹關於「戰略」的部分。

有一項商業理論包含了非常多的數學思維，這個理論將具有壓倒性勝利機會的大企業比喻為強者，將其他企業比喻為弱者，並認為——弱者是可以贏過強者的。這項理論就是商業書中經常提到的「蘭徹斯特法則」。

蘭徹斯特法則是英國工程師蘭徹斯特所提出的理論。1914年第一次世界大戰爆發，蘭徹斯特以軍事戰略為基礎提出這項理論。簡略地說，蘭徹斯特法則指的是在**假設武器相同，則士兵數量為勝敗關鍵**的前提下，存在著**強者獲得壓倒性勝利的戰略**以及**弱者逆轉勝的戰略**。這項理論原本是針對戰爭所提出的，但後來也運用在商業活動中，因此現在就連經營者與行銷人士都知曉這條法則了。我盡量以簡單的方式來解說何謂蘭特斯特法則。

▼兵力差不是單純的減法？

蘭徹斯特法則分為「第一法則」與「第二法則」。我們假設A國與B國的士兵能力、武器都一樣。

第一法則指的是單挑對決的情況。由於武器與士兵的能力都相同，因此雙方不分上下，勝敗的關鍵取決於人數差異。例如：A國50人對B國70人，B國獲勝單純是因為多了20人。這樣的方式看起來簡潔俐落，不過實際上的戰爭不太可能是一對一戰鬥、全體士兵輪番上陣，這怎麼看都不符合現實。

接著來說第二法則。現在，戰鬥模式變成團體戰，由於士兵會接連戰鬥下去，雙方的兵力差就成了致命關鍵。不論是戰況還是傷亡都會有很大的不同。

我以較少的人數簡單介紹第二法則的打擊差異。

在A國2人對B國5人的對戰（武器與士兵的能力皆相同）中，一看就知道B國會贏得勝利，雙方造成的打擊差異就是最大的證明。

假設每一位士兵所造成的傷亡都是1，不妨一起來計算A國與B國的打擊比率（計算）。

計算

A國是2個士兵受到對方全部共5名士兵的打擊，
所以每一名士兵受到的打擊是 $\frac{5}{2}$（＝5÷2）。
B國是5名士兵受到對方2名士兵的打擊，
所以 $\frac{2}{5}$（＝2÷5）。
請問A國受到的打擊是B國的幾倍呢？

$$\frac{5}{2} \div \frac{2}{5} = \frac{25}{4}$$

A國受到的打擊是B國的 $\frac{25}{4}$ 倍。
受打擊率 A國：B國＝25：4

B國的兵力是A國的2.5倍，兩國受到的打擊比例竟然相差了6.25倍。

當雙方都增加10倍兵力，變成A國20人對B國50人時，由於雙方受打擊率相差了6.25倍，因此會產生壓倒性的落差。若是在A國2人對B國10人這種兵力更加懸殊的情況下，受到的打擊率就會相差至25倍。開戰前早已可見勝敗，想必A國得承受相當嚴重的打擊。

當A國2人對B國5人時，如果是第一法則的單挑形式，就會單純因3人的兵力差異而由B國獲勝。但在第二法則中，強國是會狠狠打擊對方並取得壓倒性的勝利。假設士兵在受到2以上的打擊時便會失去戰鬥力，那麼A國就有可能全滅，而B國雖有士兵受到輕傷，但失去戰力的士兵是0人。

具有戰力的一方都會獲得壓倒性的勝利，難道弱者就沒有任何戰略能夠致勝嗎？我們所討論的都是戰爭中的情況，接下來就用離我們較近的商業競爭來解說吧。

▼商業中的戰略？

如同前面介紹的蘭徹斯特戰略，戰前就擁有強大的戰力是再好不過的。不過，弱的一方還是有他們的戰略。

假設C公司與D公司是2家互相競爭的零食商。C公司是當地人都曉得的中堅零食製造廠，D公司則是全國知名的零食大廠。

這2間公司都設有3個部門，分別是西式糕點部、烘焙糕點部與日式糕點部，公司內的人員配置如下所示。

【C公司】200人（西式糕點部門：100人、烘焙糕點部門：50人、日式糕點部門：50人）

【D公司】1千人（西式糕點部門：500人、烘焙糕點部門：400人、日式糕點部門：100人）

員工人數200人對比1千人，存在壓倒性的差異，在銷售額和資金運作方面也有好幾倍的差距。C公司需要的不只是勝過D公司的戰略，更需要足以使公司不被市場淘汰的策略。

我們就先假設**人數＝公司能力**，這樣會比較容易思考。這時的C公司是弱者，D公司則是強者，且D公司的3個部門都相對優於C公司。用一般的方式跟D公司對打的話，C公司在人數與資源方面都明顯輸給D公司，那麼C公司到底該採取什麼樣的戰略呢？

C公司（弱者）的生存戰略

①攻下D公司尚未設點的地區。

②將部門劃分得更細緻，全力投入D公司不擅長的領域。

③將所有員工轉至日式糕點部門，集中火力搶攻日式糕點的市占率。

第①個戰略是攻下D公司尚未設點的地區，不爭不奪就能提高該地區的市占率。第②個戰略是找出對方不擅長的部分，創造出對自己有利的狀態，即使戰力薄弱也能成為強者。第③個戰略是將其他部門的人都調到日式糕點部門，勝過D公司日式糕點部門的一百人。

▼蘭徹斯特法則在商業活動中奏效的原因

而且，只要C公司持續贏過D公司，C公司就會變得愈來愈強大，最後就能真正贏過D公司。這些全都是靠著突襲對方的不備之處而獲勝的，也就是所謂的「弱者的法則」。

瞭解蘭徹斯特法則後，當遇到這類情況時就可以更精準地預測「應該投入多少資源」、「要用多快的速度搶下市占率」等。

看清楚彼此間的強弱關係，制定出符合自己處境的戰略，才是創造有利情境的關鍵。在業界或是市場上，只要活用蘭徹斯特法則，不僅處於劣勢的弱者有機會贏過強者，強者也有完全制壓弱者的機會。

有些公司只有少數的菁英照樣能狠狠痛擊大企業，這些公司的存在堪稱是蘭徹斯特法則的實例驗證。

你知道全世界有多少人在這個「！」的瞬間打噴嚏嗎？

▼可以概算出日常生活中的不可思議之事嗎？

我想各位應該都能把國小的算術運用在計算實際可見或有明確答案的事物上。但如果掌握住訣竅，這些國小算術其實也能用來計算不可見的事物。例如：全世界有多少人在現在這個瞬間打噴嚏？一起來計算看看吧。

各位大概覺得：「我怎麼可能知道這種事！」不過，有個數學方法其實可以利用概算來推算出答案。這裡舉的打噴嚏只是個例子，但只要理解這個概念就懂得如何概算全球市場了。

在面對乍看之下毫無頭緒的答案或數字時，像這樣一邊推論一邊概算的方法就稱為**費米推論**。這個方法得到的不是最精準的數字，但誤差不會太大；因此，諮詢顧問、市場行銷都常利用這個方法。

那麼，我們現在就來計算全世界有多少人在這一瞬間打噴嚏。

▼粗略計算打噴嚏的人數

首先，我們先來推測一個人一天會打幾次噴嚏。沒有人完全不打噴嚏，而打噴嚏的人大概也不會一直在打噴嚏，所以我們大概抓個數字，推測每個人平均一天大都是打2～5次噴嚏。

我們就以2次來計算。接著，再推算每一次打噴嚏大概都花多少時間。「哈啾！」這樣大概是0.5秒。

打2次噴嚏一共是1秒。我們就計算出每個人1天打噴嚏的時間是1秒。

在一天24小時（＝8萬6400秒）中，打噴嚏的這1秒鐘就是8萬6400秒中的1秒。全球人口大約是78億人。那我們就來算看看全世界在每一秒鐘會有多少人打噴嚏吧（計算1）。

最後，我們推測出在這地球上的這一瞬間，打噴嚏的人大概有9萬人。

計算1　$1 \div 86,400 \times 7,800,000,000$
$= 90,277.777\cdots$

說個題外話，要是讓這9萬人在同一時間聚集在同一個地方，那產生的飛沫可真是不得了。

▼用概算的方式推測YouTube的總觀看時間

費米推論的重點在於推論時用來推測的數字是否夠精準，以及概算時使用了什麼樣的算式。而我認為有能力去觀察每個時期的流行、趨勢以及大環境的變遷，並懂得如何去解讀數字與概算，這也是一項相當重要的技能。

那我們就再來算一道問題，這次要稍微提高推測的複雜程度。題目是：日本18歲至80歲的人，每天共花多少時間在觀看YouTube？

圖　平均每一天使用YouTube觀看影片的時間

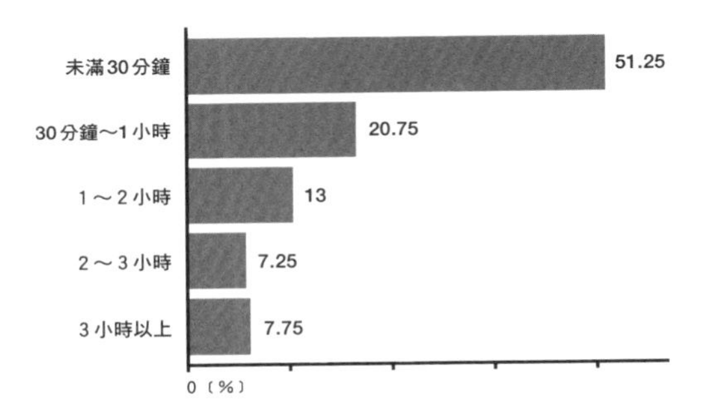

計算2

98,470,000×0.658＝64,793,260
（約6,500萬人）

計算3

65,000,000×（0.51×0.25＋0.2×0.75
＋0.13×1.5＋0.07×2.5＋0.08×3.5）
≒60,287,500（時間）
（約6,000萬小時）

首先，我們要先找出YouTube的觀看人數。

日本18～80歲的人口數為９８４７萬人（２０２１年８月日本總務省統計局），而有96．９％的人都知道YouTube，使用YouTube的比率則為65．８％（對象：15～79歲的民眾共８８３７名，NTT DOCOMO電信公司研究所於２０２１年６月公布的數據）。一起來算算看吧（計算２）。

可上述資料可以推估使用YouTube來觀看影片的人數大約是６５００萬人。

接著，再區分YouTube使用者的觀看時間（對象：20～59歲的民眾共400名，STRATE於２０２１年４月的調查，如上頁的圖表所示）。

這２項調查的對象其年齡有些許的差異，問卷結果也無法得知實際的使用時間，所以我們就粗略地計算一下：把使用時間未滿30分鐘當成平均使用15分鐘、使用30分鐘～１小時當成平均使用45分鐘……依此類推。而15歲至79歲的人口數量大約是１億人，當中大約有６５００萬的使用者。就用這幾個數字來計算（計算３）。

最後，我們推算出日本人一天使用YouTube來觀看影片的時間約有6千萬小時。

像這樣運用費米推論，就可以在進行市場預測或擬訂方針時做為參考，例如：日本使用YouTube觀看影片的時間很長，是不是應該進攻YouTube市場……等等。

透過費米推論我們還能計算諸如：**新商品的銷售額有望達到多少、發售時間從什麼時候開始最好……**等等。更容易對方案進行概算、預測，對商業戰略或市場行銷都有很大的幫助。

最後，我覺得利用費米推論推算出答案時還可以感受到「發現新見解」的快感，請各位也務必試試看。

世界級的電影導演——北野武使用的因式分解思考法超厲害！

▼拍出知名電影大作的因式分解思考法？

各位知道嗎？日本搞笑界的泰斗——彼得武（或譯為Beat Takeshi、拍子武）其實是個數學迷。他曾經主持關於數學的電視節目「彼得武的ＫＯＭＡ大數學科」（２００３～２０１６）。當時我也看得津津有味。這位彼得武後來以本名北野武出道成為電影導演，他說：「拍攝電影與數學有非常接近的一面，不懂因式分解就沒辦法拍出好電影。」這句話至今仍令我印象深刻。電影拍攝跟因式分解有什麼關係呢？各位應該也都覺得很疑惑，但在聽了他的解釋後，這份頗具深度的見解也讓我不由得讚嘆：「不愧是世界級的北野導演，真是太厲害了！」

例如：在拍攝主角與多名敵人對戰的場景時，通常有2種呈現方式。

方式①　與敵人A對戰，敵人A死亡。與敵人B對戰，敵人B死亡。與敵人C對戰，敵人C死亡。

方式②　與敵人A對戰，敵人A死亡，敵人B死亡，敵人C死亡。

各位覺得哪種方式讓人印象深刻？

如果是方式①的話，由於同樣的畫面一再出現，讓人覺得未免有些拖拉、有點不耐煩。如果是方式②，讓主角與敵人A對戰後，直接拍出敵人A、B、C倒地的畫面，畫面就會更加清楚、明確。

這是因為即使沒有拍出主角與敵人B、C打鬥的畫面，在觀眾的腦海中也能浮現主角打贏他們的畫面。直接省略這些即使不拍也能想像得出來的畫面，會更加突顯想要說的故事重點。

算式

主角與敵人*A*對戰，敵人*A*戰死
+主角與敵人*B*對戰，敵人*B*戰死
+主角與敵人*C*對戰，敵人*C*戰死
＝主角與敵人對戰，敵人戰死（*A*＋*B*＋*C*）

方式②的電影拍攝手法就是北野導演所說的因式分解思考法。以因式分解的方式分離出方式①中的共同項目「與主角對戰後陣亡」，變成方式②後就是上一頁的式子了。

進一步運用這樣的方式來思考，就會發現其實只要拍攝出主角與敵人A激戰後的戰勝畫面，觀眾就會去想像主角跟敵人B、C的打鬥應該也是經過一番激戰。相反地，當主角以壓倒性的勝利之姿擊倒敵人A時，觀眾就會想像主角應該也是瞬間秒殺敵人B、C的。

在電影或電視劇中，讓人發揮想像力的畫面確實比交代得一清二楚的畫面更加有趣。電影在最後一幕所留下的伏筆，讓人尋思這之後究竟會如何發展？就會給人更加深刻的印象。

▼因式分解思考法也能應用在工作上

「給人想像空間」的戰略也能運用在工作上。

例如：在有限的時間內進行3項簡報時，第1份簡報要詳細說明事例與結果，再根據第一份簡報的內容簡扼說明第二份、第三份簡報中的差異，以及最後的結果。也就是說，當我們以因式分解的思維去瞭解企劃簡報一、二和三的共同點後，就可以更有效地進行說明。

另外，在演講、講座等場合上，當演講者對著聽眾訴說著自己的英勇事蹟，讓聽眾聽得津津有味時，卻突然告訴聽眾：「我還有很多故事可以跟各位分享但時間不太夠了，下次有機會……」像這樣以因式分解的方式來故弄玄虛，可以把自己包裝成一個經驗豐富、有許多英勇事蹟的人。

請各位也試著在各種情境中試試看這個「省下力氣、激發想像力、吊人胃口」的因式分解妙招。

數學家交接了360年的證明接力棒

既然要迷上數學，那就絕對不能不提及數學的歷史。學會如何解題、理解公式、瞭解日常生活與數學的關係等等，都是數學能帶給我們的樂趣；而瞭解這些數學是如何發展至今的，更讓我們有身歷其境的切身感受。

這本《費瑪最後定理》就是一本可以讓我們瞭解數學歷史的讀物。

書名來自一個傳奇的定理——費瑪最後定理。這個定理長達３６０年無人能夠證明。許多數學家為此定理奉獻了一生。證明這項定理的必要工具就是這些數學家一點一滴打造出來的。直到１９９５年，終於由懷爾斯為這場數學家的戰役劃下勝利的休止符。

這本書最大的魅力不只在於回顧這３６０年間的歷史，更帶領讀者回到二千年前畢達哥拉斯所在的時代，這遠遠早於費瑪提出費瑪最後定理的年代。

這是數學家用生命傳遞的接力棒，想必能讓讀者有更深的體驗。

《費瑪最後定理》
1998年2月1日發行
賽門·辛 著
薛密 譯
台灣商務印書館

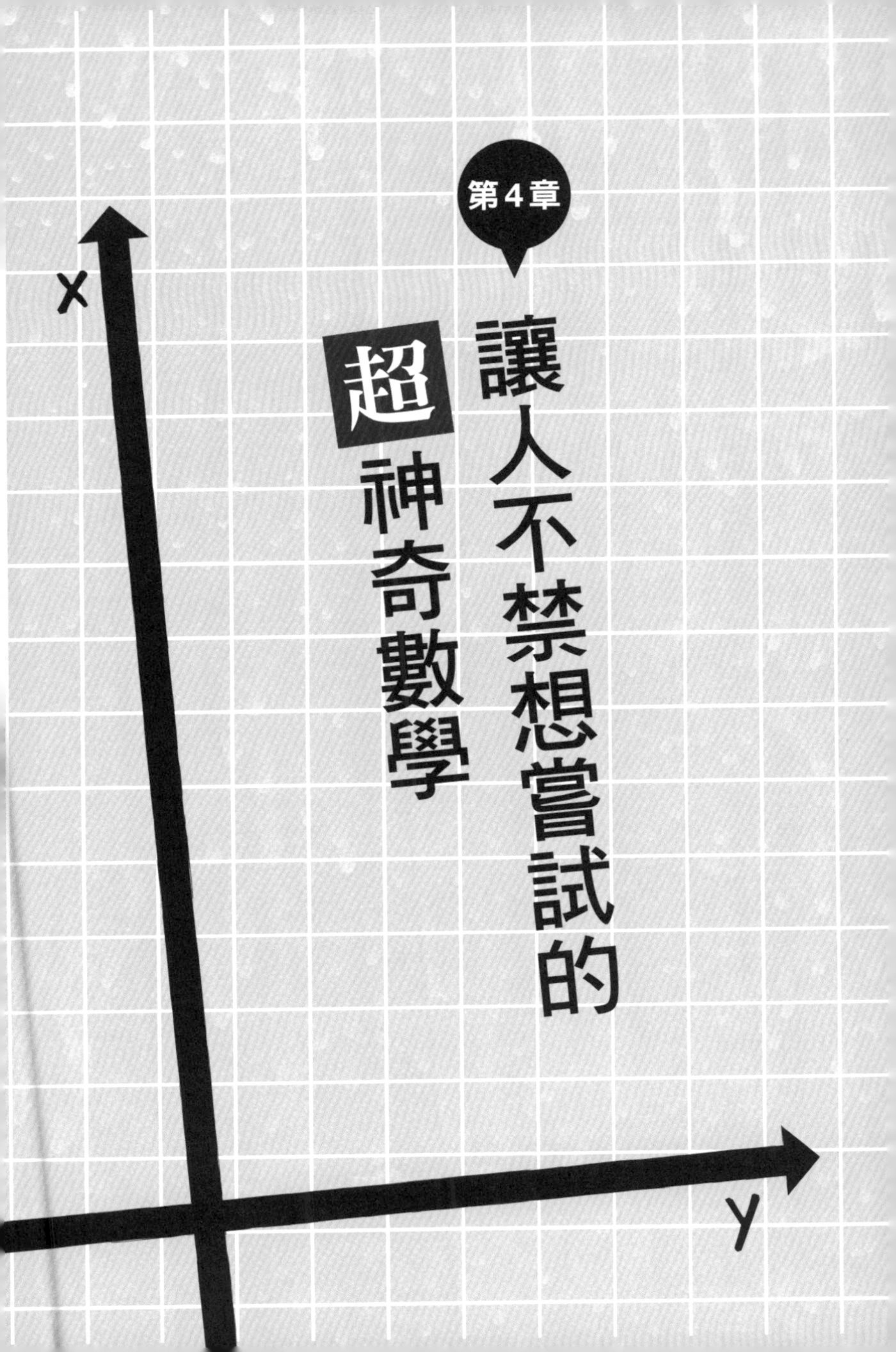

第4章

讓人不禁想嘗試的超神奇數學

讓人立刻變成畫畫高手的數學方式？

▼漫畫家的數學能力很好，而且很懂得掌握立體感？

各位會畫畫嗎？有人很會畫畫，有人很不會畫畫，差別之一就在於能不能畫出有立體感的圖畫。不會畫畫的人通常只能畫出平面的圖畫，怎麼都畫不出有立體感的圖畫。但如果是插畫家、漫畫家等畫圖高手的話，就能把背景或人物畫得好立體喔！而他們幾乎都會用到一種數學技巧。各位在看過這章後，也許就懂得如何畫出好看的圖畫了。

很會畫畫的人都知道要使用「消失點」。利用遠近法、透視法等技巧來畫直線，使這些直線都集中在某一點，這個點就是所謂的消失點。當我們要表現出距離較近的物品看起來比較大、距離較遠的物品看起來比較小的時候，消失點就是一個非常重要的點。畫畫時借助這個

圖1　有消失點和沒有消失點的圖畫

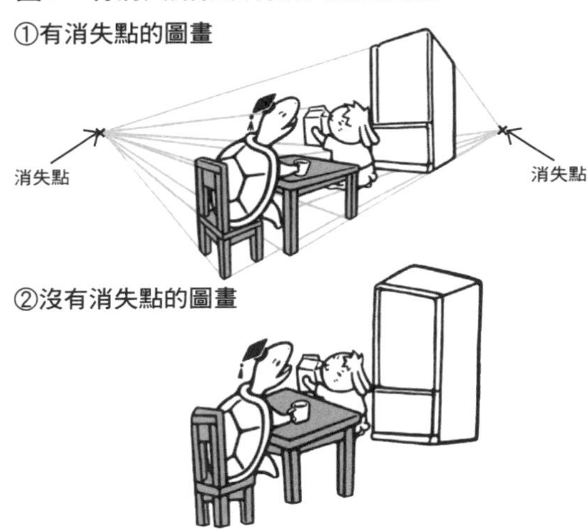

消失點，就能畫出更加寫實、更具立體感的圖。

請各位看看圖1。這兩張圖片都有畫出物品與人物的高度、寬度與深度，但是①有消失點，看起來比較真實；而②沒有消失點，讓人有種看起來怎麼歪歪的……的感覺。故意用②的方法或許能讓圖片看起來更有意思，但也可能是繪圖者真的沒考慮到消失點以及比例問題。

我再來介紹其他讓人看起來必須覺得很真實、不可有看起來歪歪的的情況。

▼若不在乎大小比例，我們所看到的世界就會扭曲變形？

在哆啦A夢的卡通裡有身材魁梧的胖虎、體型一般的大雄，以及矮小的小夫。假如胖虎在某個畫面中看起來比較矮小，在另一個畫面中，小夫又比家裡的屏風還要高，那麼畫面看起來就會覺得很不真實，很容易讓觀眾、讀者出戲。

因此，在畫畫時就必須確實畫出大小比例。例如：畫地球與月亮時，比例也是相當重要的關鍵。地球的半徑是6371km，月球的半徑是1737.4km，比例大約是4比1（圖2）。如果月亮在圖中的位置比地球還要遠的話，那就絕對不能把月亮畫得比這個比例還要大。

想讓畫面看起來更加真實，就必須借助數學思維。這樣一想，也許數學與畫圖其實是很相似的兩件事。因為畫圖時要考慮到哪個角度比較好、確保界線與透視線是否準確等，以便將三維空間中的物體以二維的畫面來呈現。說不定很會畫畫的人就是一心想著要如何把圖畫得更好，當他們愈常這麼想時，就愈容易讓鍛鍊出數學思維，自然而然就學會如何畫出有立體感和遠近感的場景和物品了。

圖2　計算並畫出地球與月亮的比例

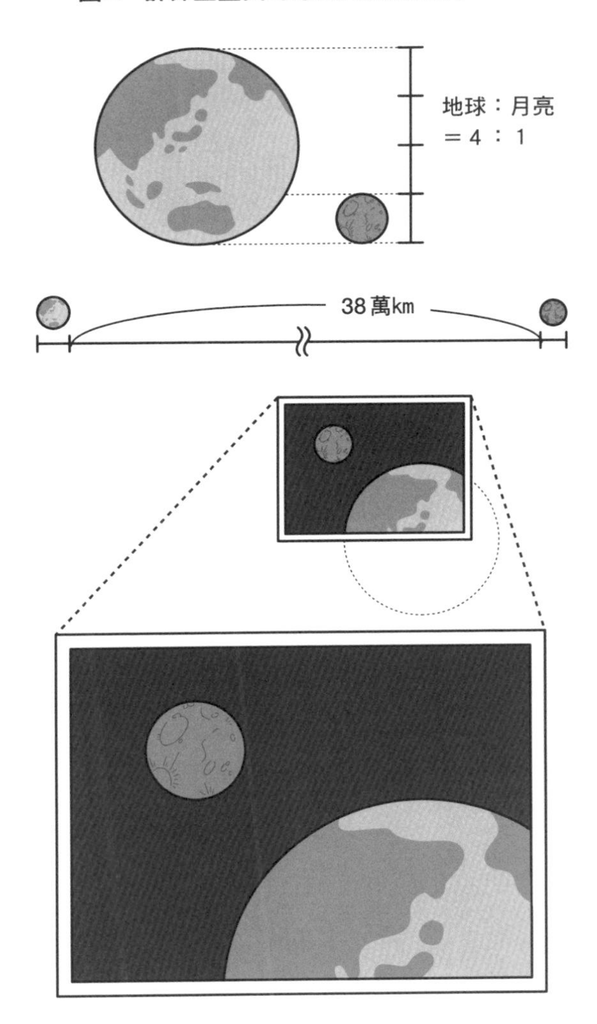

一秒畫出《鬼滅之刃》的紋樣圖形

▼藏在和服中的數學圖形

《鬼滅之刃》是一部家喻戶曉的漫畫巨作，該系列漫畫包含電子版在內累計發行量已突破1億5千萬本，電影版《鬼滅之刃劇場版 無限列車篇》更是在上映9周後突破302億日圓。這套超高人氣的作品不只故事引人注目，人物所穿的衣服也成了討論話題。

《鬼滅之刃》中的人物所穿的和服圖紋，大多以日本自古流傳的傳統圖紋為主。主角竈門炭治郎衣服上的花紋就是綠色與黑色相間的「棋盤紋」，稱之為「市松模樣」（圖1），是相當常見的格子花紋，由二個單色的正方形交錯排列而成。炭治郎的妹妹彌豆子所穿的衣服其花紋是傳統的「麻葉紋」。另外再跟各位分享個題外話，日本浮世繪所描繪的女性也會穿著麻葉紋的衣服，可見麻葉紋從以前就是非常受到歡迎的圖紋。據說是因為「麻」的生命力旺

圖1　棋盤紋

盛，日本人才會常用麻葉紋的布料來製作小孩子的和服或打底衣，以祈求孩子身體健康、驅邪避凶。

言歸正傳，麻葉紋乍看之下非常複雜，但分解後會發現其實是非常簡單的圖形組合。

①先畫出一個正三角形；②從頂點畫一條線至三角形的重心。重複以上的步驟並將所有圖形排在一起，就是麻葉紋的樣子（圖2）。也可以先畫出一個正六角形，再把正六角形分成6個正三角形，再從各個三角形的頂點各畫一條線至重心，畫出來的圖案也是麻葉紋（圖3）。

圖2　麻葉紋的畫法　之1

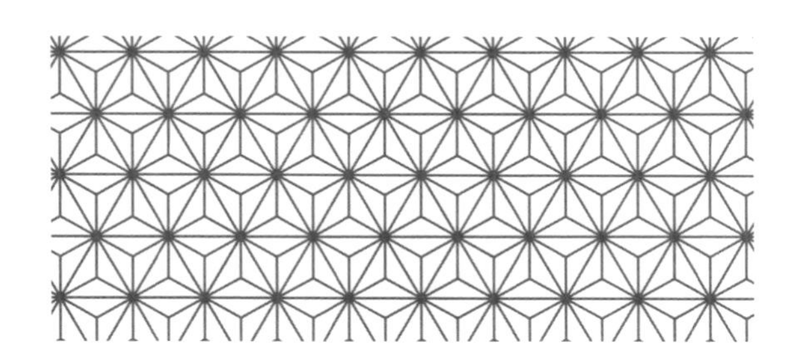

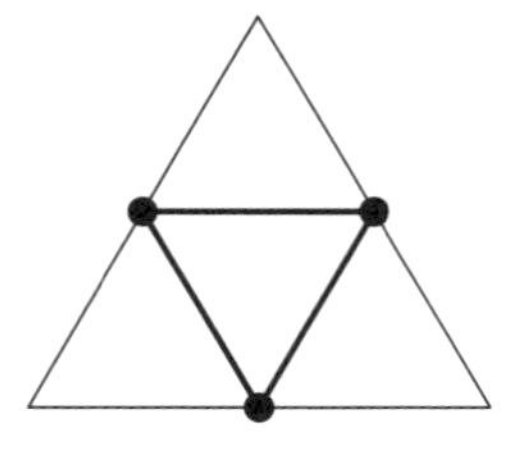

①畫出一個正三角形，中間再畫出一個正三角形。

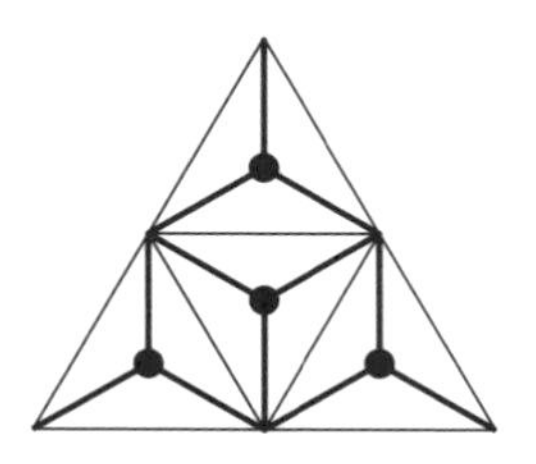

②再從這4個三角形各自的3個頂點，畫一條線至重心。

圖3　麻葉紋的畫法　之2

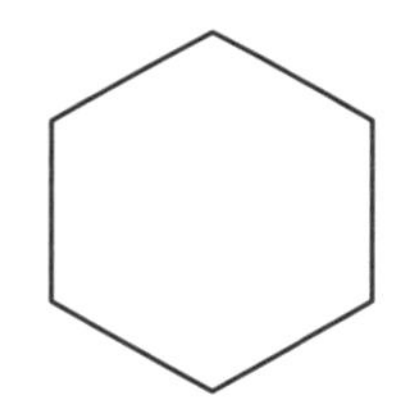

①畫出正六角形。

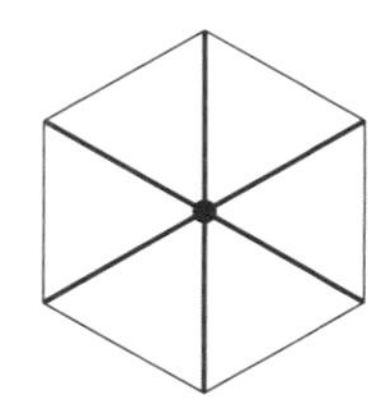

②畫出3條通過正六角形中心點的線。

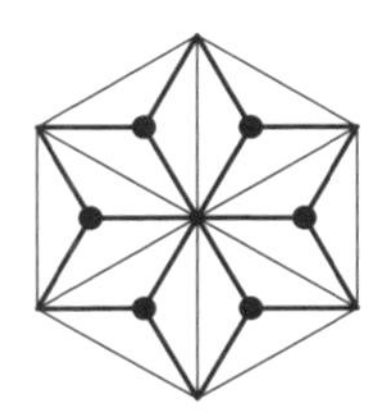

③從這6個三角形各自的頂點，
畫一條線至重心。

▼看起來很複雜，其實意外簡單的千鳥格子紋

接著，要請各位看看「千鳥格子紋」，這不是日本的傳統圖紋，但在時尚界裡卻非常的有名。千鳥格子紋是個愈看愈有趣的圖紋，假如不參考範本的話，肯定有很多人都不曉得該怎麼畫。

千鳥格子紋看似複雜但分解後就會發現是由4個同樣的平行四邊形所組成的圖紋（圖4）。跟前面的麻葉紋一樣，都是異常簡單的圖紋。

許多圖案都跟麻葉紋或千鳥格子紋一樣，明明看起來很複雜、很困難，但只要分解成最小單位，就會看到正三角形或平行四邊形等的簡單圖形。

除此之外，當我們觀察這些圖形的角度和形狀時，還會發現麻葉紋的三角形都是30度、30度、120度；千鳥格子紋的平行四邊形則是45度與135度。這些都是十分具有代表性的角度，不是什麼複雜的角度。

圖4　千鳥格子紋是由平行四邊形組成的

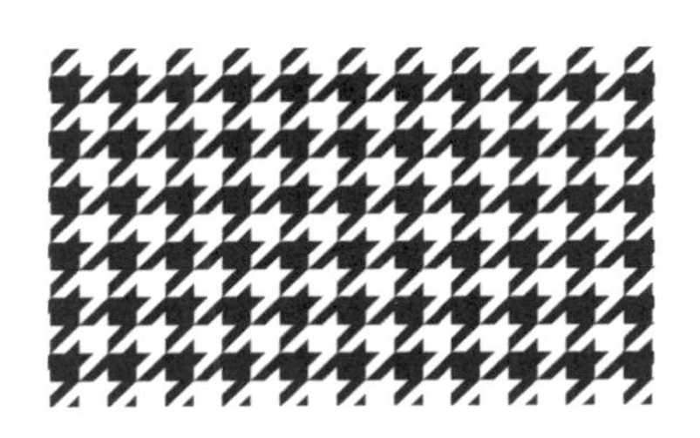

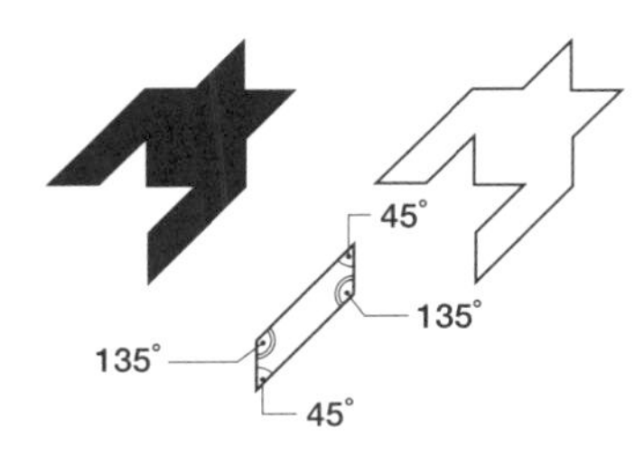

▼漂亮設計的共通點

仔細分析後，說不定我們在設計圖紋或商標時，使用簡單的形狀或角度會比複雜的圖案更好。像這樣以特定圖形填滿的圖案，就稱為「密鋪」。廣義上的密鋪指的是用圖形（多角形）填滿平面，且圖形間不相疊也不留下空隙。密鋪又稱為「鑲嵌圖形」，這些圖形不只爭奇鬥艷、彼此較勁，也常用來進行數學研究。

就人類的本能而言，看到同樣的圖形有規律地排在一起或不留白地填滿整個平面，確實會覺得很舒服。說不定設計與數學之間有著密不可分的關聯。追求設計之美能拉近我們與數學的距離。

用數學的角度重新看日常

「提早5分鐘出門」跟「走快一點」，哪一個比較有效率？

看著原本想搭的那班電車或公車從眼前開走，心裡都會想著：「幹嘛不早一點出門啊……」、「明知道快趕不上了，剛剛用跑的就好了……」不論怎樣都讓人後悔莫及。

「提早5分鐘出門」與「走快一點」哪個比較有效率呢？就讓我來介紹一下我的觀察。順便跟各位分享一下，我自己通常是不會用跑的。各位問我為什麼？那我就直接講結論吧。因為再怎麼著急、再怎麼跑，最後的結果還是不會改變。

假設從家裡出發到距離1600m遠的公司上班，比較看看這兩種方式的結果。每個人走路的速度不同，我自己大概是1分鐘走80m（80m／分）。也就說徒步走到公司大約要花20分鐘。

計算

計算以1.2倍速的快走要花幾分鐘才能抵達公司：

80×1.2＝96（*m*/min）

到達距離1600*m*的公司要花幾分鐘呢？

1600÷96＝16.66……

快走的話，大概要17分鐘才可以到達公司。

計算以1.4倍速的小跑步要花幾分鐘才能抵達公司：

80×1.4＝112（*m*/min）

1600÷112＝14.28

小跑步的話大概14分鐘就可以到達公司。

換算成1.2倍速的快走跟1.4倍速的小跑步，來看看結果吧（計算）：

１６００m的距離用平常的走路速度要花20分鐘。改成快走的話，約17分鐘可以到達，小跑步的話大約是14分鐘到達。結果跑了１６００m，才提前5分鐘左右而已。

這樣反而把自己搞得氣喘吁吁、滿身大汗，而且，說不定還要多花5分鐘來調整好呼吸。既然這樣，倒不如用原來的速度慢慢走就好。

也就是說，我們最好在時間急迫到必須小跑步出門前的5分鐘就提早出發。咦？要是來得及的話，誰想跑步啊？

1年的一半不是6月30日？

▼每一年都會在社群網路上看到的「感嘆」

每年的跨年夜各個城市都有慶祝活動。加拿大首都渥太華的國會山莊會點上燈飾、放煙火慶祝；法國的巴黎則是在凱旋門前舉辦光雕投影；美國的紐約幾乎每年都有跨年活動的實況轉播。全世界的人在這一天都可以明顯感受到時間的變遷。

在日本的社群網站上也很經常可以看到關於時間的變遷，像是：到了12月就會有人發「一年又快結束了～」的文，3月是「一年已經過了¼了」，6月30日那一天則是「一年已經過了一半了啊」，到了10月是「一年又剩下¼了」。許多人每到一個時節就要感傷一下時間的流逝，所以我們總是能看見這樣的感嘆。

算式 31＋28＋31＋30＋31＋30＝181

而我也在社群網站上發了一則「其實6月30日並不是半年喔」的貼文，專門給這些人看。「6月30日不是半年？」就讓我來為各位說明。

▼一年的一半與¼是什麼時候？

一年有365天（不考慮閏年），單純地把365除以2來計算半年有幾天的話，答案則是182．5日。

也就是說，第183天的中午12點剛好就是上半年與下半年的交界點。而這個交界點又是幾月幾號呢？

把1月到6月的天數加起來看看。1月是31天、2月是28天、3月是31天、4月是30天、5月是31天、6月是30天，把全部的天數加起來看看吧（算式）。

6月30日結束時是過了181天，距離一整年的一

計算

1年為365天。

**　365÷4＝91.25**

0.25是1天（24小時）的¼，所以是6小時。

1年的¼是91天又6個小時。

把1月（31天）、2月（28天）、3月（31天）的天數加起來。

**　31＋28＋31＝90**

再加上1天就是91天，也就是4月1日的早上6點剛好是1年的¼。

半——也就是183．5天——還有2．5天。也就是說，到了7月2日的中午12點才剛好是半年。閏年的那一年是366天，所以半年就是183天，7月1日跨7月2日的午夜12點就是半年。

所以，就算過了6月30日也別沮喪地覺得「一年已經過了一半」，畢竟還有2天才真正過了半年嘛！

同樣地，3月31日也不是一年的¼。各位也來算看看吧（計算）。

一年的¼是4月1日的上午6點。在4月1日那一天，社群網站上關於愚人節的話題比一年的¼的話題還更多、更活絡。就算在那一天發表了「一年的¼是～」的貼文，大概也會直接被洗下去吧。

用心算算出〇〇天後是星期幾

一秒說出「未來的今天是星期幾」！

2021年10月15日，星期五。今天是我人生當中最重要的日子。我和女友在高級餐廳裡用餐，然後我拿出求婚戒指對她說：「請妳嫁給我。」她收下了戒指並戴左手無名指上，說：「明年、後年……往後的每一天，我都要跟你在一起。」

周圍滿是幸福感動的氛圍，處事周到的餐廳老闆看到這個畫面後也表示：「歡迎你們明年的結婚紀念日再光臨，屆時將免費招待二位。」我們兩個靦腆地笑著回應老闆：「謝謝，我們會的！」同時也在想著：「明年的這一天是星期幾呢？」

——明年的今天是星期幾呢？

其實稍微計算一下就可以知道這個答案。就讓我來為各位介紹。

一個星期有7天，把365天除以7的結果是52餘1。每過7天是一星期，最後還有餘數1，所以把今天的星期五多加1天就知道明年的今天是星期幾了。換句話說，52個星期又1天後將會是2022年10月15日，而那一天是星期六。

「除了閏年之外，只要把今天的星期數再加1天，就知道明年的今天是星期幾了」。只要記住這個規則，不管什麼時候都會很方便。

以開頭的例子來說，我們可以知道明年的紀念日剛好是星期六，而後年的紀念日則是星期天，也是假日，這樣說不定還可以再去一次餐廳。

再來介紹一個方法，同樣可以簡單地知道哪個節日在星期幾。

今天是2021年10月15日的星期五，來算算看今年的12月24日平安夜是星期幾吧。

10月有31天，11月有30天，12月算到24日即可，把這些天數加起來看看一共是幾天。從10月到12月24日一共有85天，最後再扣掉15天（算式）。

算式　31＋30＋24－15＝70

我們算出從10月15日的70天後是12月24日。把這個數字除以一星期的7天，答案是10。剛好10個星期後就是12月24日，最後得到平安夜跟10月15日一樣都是「星期五」的答案。

要先在腦海裡想像出日曆，再找出那一天是星期幾這實在是很費工夫的一件事，利用一個星期有7天的周期循環就可以得到答案了。只要算出那個日期距離今天還有幾天，再把天數除以7，就可以算出是星期幾了。

這會比拿出手機看日曆更快，瞬間就可以說出明年的今天是星期幾、哪一個節日是星期幾。熟練的話，說不定別人也會覺得你很厲害喔。

「觀賞煙火」應該要從附近往上看？站遠一點從側面看？還是……

▼煙火的位置離我有多遠？

咻～砰！說到最能體現日本夏日的事物，一定少不了煙火。在夜空中綻放的煙火真的好漂亮啊。日本的煙火既豪放又帶著細膩，就連在國外也有相當高的評價。我也非常喜歡觀看煙火，在爆發新冠疫情之前，甚至每年都會去欣賞在諏訪湖舉行的煙火大會。

不過，我看煙火時最先想到的不是煙火好美啊，而是「看到煙火後2秒才聽到爆裂聲」、「這個煙火離我大概有多遠呢」、「所以我仰頭的角度大概是○○度」等等。我還會跟一起去看煙火的人說：「這次煙火的發射地點離我們大概有1.4km喔。」把對方唬得一愣一愣的。

圖1　煙火彈的規格與尺寸、升空高度

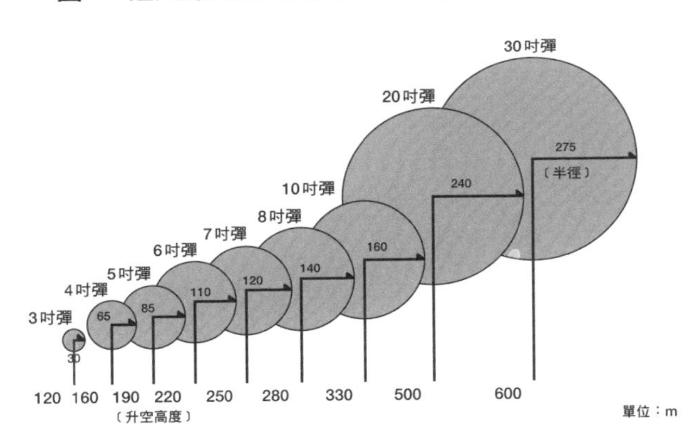

只要數一數看到煙火後的幾秒才聽到爆炸聲，就可以推測出煙火大概是在多遠處釋放的。光的傳播速度極快，幾乎瞬間就到眼前，而聲音的速度就比光線要慢一點。另外，每一種煙火的升空高度都是固定的，所以我們就可以算出距離煙火的發射位置有多遠。

我們就以稱為尺玉的10吋煙火彈為例。10吋煙火彈的升空高度大約是330m（圖1）。聲音的速度大約是每秒340m，氣溫高的時候聲音的速度會快一。所以，我們就假設夏日煙火季的音速為每秒350m。

▼計算煙火的位置

假設我們看到煙火的亮光後2秒才聽到爆炸聲。請問，這時我們是在多遠之外欣賞煙火呢？音速為每秒350m，所以2秒以後才聽到聲音的話，以直線距離來說就是700m。也就是說，我們與煙火之間的直線距離大約是700m（計算1）。

不過，這個700m是空中的煙火與我們之間的直線距離，並不是我們與發射地點之間的距離。再來算算看我們距離發射地有多遠吧。

這次施放的煙火是10吋煙火彈，所以煙火會在距離地面330m高的地方引爆。還記得我們與空中的煙火之間的距離是700m吧？把我們跟煙火的關係畫成圖吧（圖2）。畫出來是一個三角形，對吧。那各位想到要用什麼方法來計算了嗎？沒錯，就是「畢氏定理」（詳細參考48頁），一起來算算看吧（計算2）。

計算1

請想一想要用哪個公式來計算距離。
答案是【距離＝速度×時間】。

$2\ (s) \times 350\ (m/s) = 700\ (m)$

圖2　我們與煙花的距離形成一個三角形

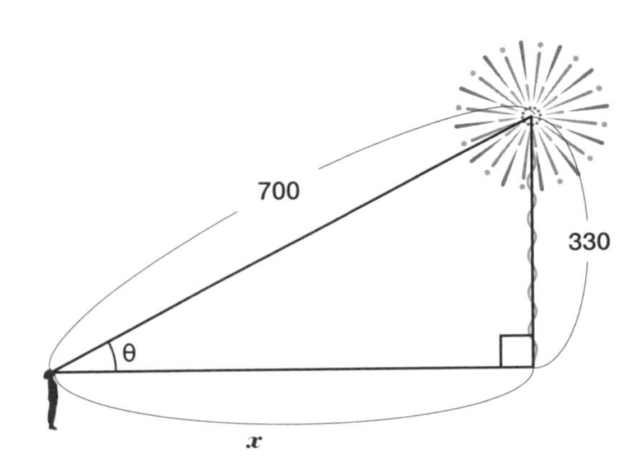

畫出來的圖就像上圖一樣是個直角三角形，所以可以利用畢氏定理來進行計算。
三角形的斜邊是我們與空中的煙火之間的直線距離（700 m），三角形的高是煙火的升空高度（330 m），請算出我們與煙火發射點之間的水平距離（x m）。

$700^2 = 330^2 + x^2$

$x^2 = 490000 - 108900$

$x = \sqrt{381100}$

$= 617.37$（約617 m）

計算得到我們與煙火發射地之間的距離大約是617m。接下來再算算看抬頭欣賞煙火的角度是多少吧。這裡就要使用到三角函數（詳細參考51頁）（計算3）。

各位也許都嚇了一跳，高中時學過的三角函數竟然會在這裡出現。計算的結果是28度。

最後來統整一下。我們從煙火彈的規格可以知道煙火會在多高的位置上爆發，也知道可以利用爆炸聲與發出亮光的時間差算出「自己與空中的煙火之間的距離」，以及「自己與發射地的水平距離」，甚至連「抬頭欣賞煙火的角度」都可以算出來。

計算3

已知直角三角形的斜邊長與底邊長，
請用三角函數算出角度。

$\cos\theta = 617 \div 700$

$= 0.8814\cdots\cdots$

角度θ大約是28°。

▼1秒後就聽到爆炸聲的話，距離有多遠？

現在試著把煙火的發射地點拉近一點看看。同樣使用10吋煙火彈，引爆後1秒就聽到爆炸聲，請用一樣的方式計算出距離與仰角（計算4）。

各位都算出來了嗎？沒錯，我們離煙火的發射地大約是117m，這個距離真的很近。抬頭的角度是70度，幾乎是在煙火的正下方欣賞。

順帶一提，就算我們是站在煙火的發射處抬頭往上看煙火，還是會在看到煙火的1秒後才會聽到爆炸聲。假如想要在看到煙火的同時聽到聲音的話……咦？根本沒必要去計算這個？

計算4

可以透過聲音傳導的速度求出我們與煙火之間的距離。

$350(m/s) \times 1(s) = 350(m)$

煙火的升空高度為330m。請利用畢氏定理求出水平距離。

$350^2 = 330^2 + x^2$

$x = 116.61$（約117m）

用三角函數求出仰角的角度。

$\cos\theta = \frac{117}{350}$

角度大約是70°。

好玩又燒腦的「大人數學訓練」

一提到數學，給人的印象通常都是課本上的東西，但其實還有很多是課本上不會有的有趣數學。

這本《数学パズル事典》（暫譯：數學謎題事典）以「謎題」為切入點，包羅萬象地介紹了這些數學謎題的由來以及其魅力所在。

這本書裡也有不同於單元式的數學題目，會讓人沈浸在解題的趣味中，並且想一探究竟，可說是再適合也不過的「玩樂數學」一書。一開始會先介紹這些數學謎題的歷史來由，所收錄的謎題數量也是其他書籍無法比擬的，完全符合書名的「事典」一詞。其中當然也有需要花上一些時間才能破解的謎題，不過大部分都很簡單的，能讓讀者接觸到各種有趣的數學問題。除了有「用4個4可以變出那些數字」等計算方面的謎題、「用5條線可以畫出幾個三角形」等圖形方面的謎題，還有關於數學理論的謎題等等。

讀者更可以從書本最後的參考文獻中，找出有興趣的書來閱讀，這也是一種瞭解數學的方式。我也推薦作者的另一本著書《数学マジック事典》（暫譯：數學魔術事典）給各位，正在設計數學題的我也從中獲得了一些設計靈感。

《数学パズル事典》
（暫譯：數學謎題事典）
2016年3月24日發行
上野富美夫　著
東京堂出版

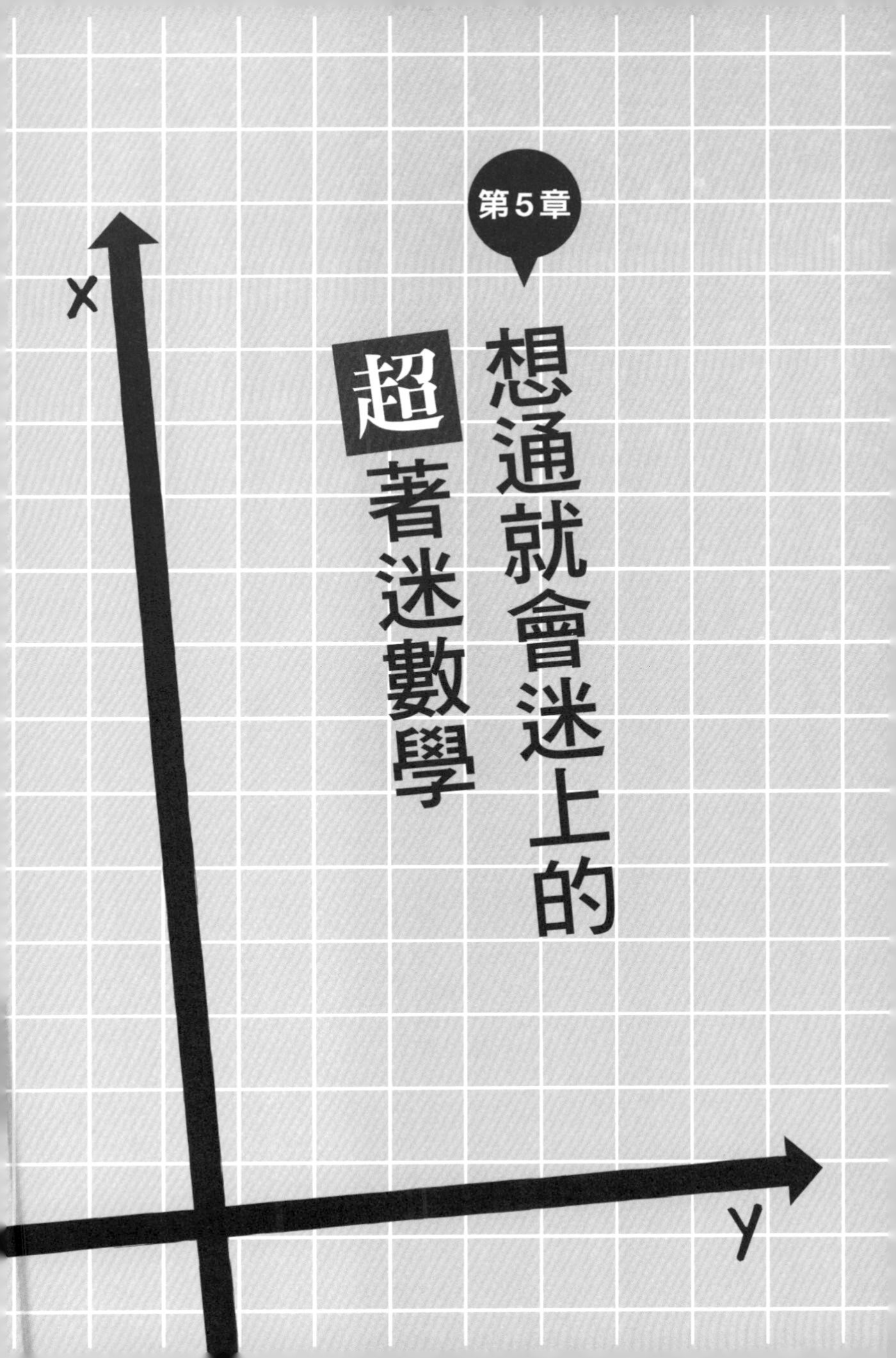
第5章
想通就會迷上的
超著迷數學
x
y

告訴你為什麼不可以完全依賴「新手運」！

▼運動選手也害怕的「幸運」

東京舉辦的2020年夏季帕拉林匹克運動會給人帶來許多感動，也振奮了許多人。其中，在游泳項目獲得5枚獎牌的鈴木孝幸選手是34歲的游泳老將。他在2004年的雅典帕運摘下銀牌、2008年的北京帕運摘下金牌，2012年的倫敦帕運更拿到2面銅牌。然而在2016年里約帕運中，備受矚目的鈴木選手竟出乎意外地未拿到任何一面獎牌。據悉，在他與運動心理諮詢師的持續對談中表示，自己在2008年北京帕運拿到金牌純屬「新手運」。在2020年的帕運上，鈴木選手終於穫得豐碩的成果。

鈴木選手的奮力身影不僅感動人心，也令人衷心地為他鼓掌喝采。也許，他說的「新手運」是表示「身為新手運動員的他不願沉湎於過往的榮耀，希望自己繼續努力締創出佳績」。

在新手的好運氣中似乎還有一些附加產物，請各位也一起來思考一下為什麼我們覺得「新手」的運氣特別好。

以數學的角度來看「新手運」可以把它解釋成是一種「在少數幾次的嘗試中，覺得自己似乎偶然掌握住勝利模式」的狀態。

我們以丟10次硬幣猜是正面還是反面為例。丟完10次後，一共猜對7次。因為是硬幣，每次猜中的機率都是½，所以照理來說10次之中應該有5次沒猜中……。「我竟然猜對7次！說不定我有賭博的天分！」按捺不住興奮的心情。

各位也許心裡想著：「不是吧？你不是說這是『舉例』嗎？」但實際上我們都會這麼想。古今中外有許多人都體驗過新手運，而這樣的想法就是新手運的「感覺自己好像抓住勝利模式」的本質。

▼用數學解析新手運

10次其實是非常少的。所以就算中了7次，也沒什麼好大驚小怪的（計算1）。11．7％表示大概有九分之一的機率會猜中7次。這是不是讓各位覺得有點意外呢？

那我們就重複做100回的丟10次硬幣來看看吧（或是把丟硬幣10次的人數增加至100人）。當丟硬幣的總次數變成一千次時，10次中7次的情況應該會有100次以上吧。

丟了一千次後，猜中硬幣的機率就會無限趨近於½（150頁的圖），我們稱之為「大數法則」。所謂的大數法則是一種機率的定理，透過不斷的試驗就會接近理論上的機率。不在意試驗的次數是否過少，而只是一味地認為只有自己才有這麼好的運氣，這樣的情況則稱為「小數法則」。換句話說，小

計算1

擲出硬幣正面的機率為 $\frac{1}{2}$。
一共擲10次，因此是 $(\frac{1}{2})^{10}$。10次之中出現7次的硬幣組合共有120種，所以機率的計算如下所示。

$(\frac{1}{2})^{10} \times 120 = 0.117$
（約11.7%）

數法則指的是高估了少量資訊或試驗所得到的結果，將其錯以為是大數法則。

當這個小數法則幸運地（？）發生在新手時，正是我們所說的新手運。

不過，新手運有時也能在賭博中奏效。

▼跟新手運很合的賭博是？

將每次嘗試後可望獲得的獎金平均後，所得到的數值就稱為「期望值」。例如：假設猜中硬幣時獎金為一百日圓，由於猜中的機率是½，所以期望值為50日圓。那麼，我來出題考考各位：假設猜一次要花40日圓，請問要完這個遊戲嗎？

答案很簡單。期望值是成本的125％，代表玩愈多次就賺愈多。

何謂期望值？

進行某項試驗所得到的數值平均值就稱為期望值。某項試驗的機率（p_1、p_2、p_3……）與得到的數值（x_1、x_2、x_3……）相乘後的數值總和，就是期望值X。

公式　$X = x_1 \times p_1 + x_2 \times p_2 + x_3 \times p_3$

圖　猜的次數與猜中的機率關係

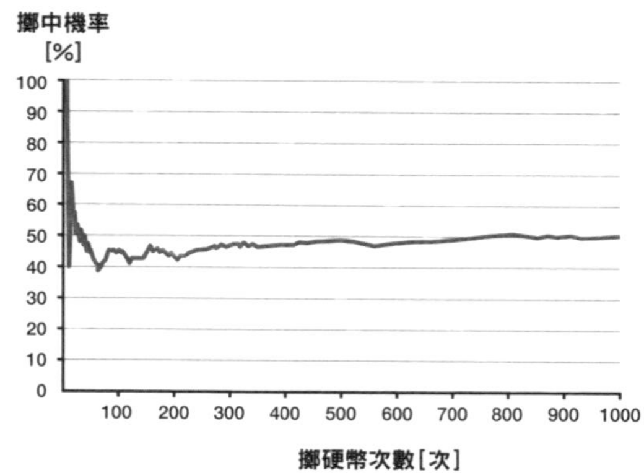

而實際的賭場可不是這麼一回事。因為賭場都會把期望值設定在100%以下，那結果一定是莊家獲勝。

每種遊戲的期望值都不一樣，據說吃角子老虎的期望值高達99%。我們就用前面提到的大數法則，來想一想為什麼賭場要這麼設定吧。

玩一次吃角子老虎的期望值確實很高，但玩一次就是那麼一瞬間而已。

吃角子老虎的期望值是99%。假設玩一次的時間是10秒，那麼玩20分鐘的話，就等於玩了120（20×60÷10）次。

計算2　$(0.99)^{120}=0.29938\cdots\cdots$

只玩20分鐘的吃角子老虎，期望值竟然就降到了30%（計算2）。

也就是說，吃角子老虎的期望值是有陷阱的，就遊戲特性而言，玩家通常會玩很多次，玩愈多虧愈多是無庸置疑的，所以新手運就不適合這個遊戲。

那賭場的另一種遊戲「輪盤」呢？遊戲規則是當輪盤中的珠子落入玩家所押注的數字格內，則玩家就可以獲得與押注金額相應的報酬。

輪盤的期望值並不高，如果玩家只押單一數字，且新手運又剛好在這時候降臨的話，那麼玩家就會大賺一筆。不過，這個遊戲玩愈多次，期望值就會明顯地愈來愈低了，所以大賺一筆之後就必須果斷收手。當然囉，讀到這裡的讀者應該都知道最好別對這樣的幸運抱持任何期待。

43連勝的猜拳冠軍其勝利法則是？

▼猜拳有必勝法？

在新冠疫情的肆虐下，有許多人都開始居家辦公或是遠距教學了，與人面對面交流的機會少了很多。在這種情況下，有一件事情也沒辦法做，各位知道是什麼嗎？沒錯，就是面對面猜拳。用剪刀、石頭、布來定勝負。若說猜拳是與我們生活最貼近，也是全世界最普及的遊戲，應該一點也不為過吧？

那各位知道有個世界猜拳協會（WRPSA）嗎？瓦耶特．鮑德溫於2015年成立了該協會，並且表示猜拳是一項競技，更藉此舉辦了世界猜拳大賽。各位也許心想：「真的是什麼都可以成立協會還有舉辦世界大賽。」但鮑德溫擁有一項讓人無法小覷的事蹟，那就是他創下了43連勝的猜拳紀錄。這真是個驚人的數字，在試著計算43連勝的機率後，出現了更令人吃驚的數字（計算）。

他究竟是怎麼辦到的？他的獲勝秘訣就是「不要有任何動作」、「出拳不要有規律」以及「觀察對方」（出自鮑德溫的猜拳戰術）。按照他的說法，也許我們可以把猜拳看成是一種運動，這真的很不可思議。

不過，猜拳說到底還是一種沒有規律的遊戲，只有老天爺才會知道勝負。重新思考後會發現，其實猜拳就是自己出的3種拳跟對方出的3種拳隨機組合後定出勝負的，所以並不存在著所謂的必勝法。

那猜拳以外的遊戲（例如：黑白棋或是人生遊戲）又是如何呢？就讓我們用數學的角度來剖析其中倒底隱藏著什麼樣的機制。

計算

猜拳43連勝的機率是多少？

假設猜拳只有「贏」跟「輸」這2種結果隨機出現。

贏的機率是 $\frac{1}{2}$。

43連勝的機率有多小呢？　　。

$$\frac{1}{2} \times \frac{1}{2} \times \frac{1}{2} \cdots\cdots = \left(\frac{1}{2}\right)^{43}$$

$$= \frac{1}{8796093022208}$$

也就是只有大約8兆8,000億分之一的機率！

鮑德溫的猜拳戰術

不要有任何動作、出拳不要有規律，以及觀察對方。這些究竟代表什麼意思呢？

■不要有任何動作」

出拳的那隻手不要出現任何會讓對方察覺的動作。例如：出「石頭」時的手會握緊；出「剪刀」時食指會稍微翹起。

■出拳不要有規律

根據*WRPSA*的調查與統計，出石頭的機率有35.4%，剪刀是29.6%，布是35%。

另外根據浙江大學「讓354名受驗者猜拳300次」的實驗，也發現以下的猜拳者出拳傾向。

①猜贏後會繼續出同樣的拳，猜輸後就會換不同的拳。

②有一定的出拳規律：石頭之後是布、布之後是剪刀、剪刀之後是石頭。

出拳時不要被這些規律所制約，記得一定不能有規律。

■觀察對方

從自己的經驗找出對方的猜拳傾向。例如：身材好的男性大多都習慣出石頭等等。

▼遊戲的種類並不多？

我們有各式各樣的遊戲，像是：黑白棋、將棋、西洋棋、麻將、撲克牌等等，那我們就先把這些遊戲分類一下吧。分類時有個術語。在賽局理論中，像黑白棋、將棋、西洋棋這些屬於雙人對決、勝負明確、不含運氣成分的遊戲，稱為「二人零和有限確定完全情報遊戲」。這串名稱很嚇人吧？就像大學教授姓名前的頭銜或是某間公司的名稱一樣，一大長串的。不過，各位不用擔心，只要拆開每個詞就會瞬間恍然大悟。

之所以要解釋二人零和有限確定完全情報遊戲，是因為屬於這個分類的遊戲在理論上都存在著必勝法（或是立刻看出平手或落敗）。例如：西洋跳棋只要雙方走的都是最佳的一步，那麼結果一定是平手；6×6的井字棋一定是後手會贏。

將棋與西洋棋也屬於二人零和有限確定完全情報遊戲。看到這裡各位應該很好奇吧，既然是這樣的話，就表示這2種遊戲應該都有所謂的必勝法，那麼為什麼還要舉辦有獎金跟段位的棋賽呢？這是因為將棋與西洋棋的棋局千變萬化，人類的記憶力負荷不了這麼龐大的資訊量。想要持續走出必勝棋步是極為困難的，因此棋局中的戰略與局勢才會那麼重要。

〈數學知識〉

何謂「二人零和有限確定完全情報遊戲」？

先把這一串文字拆開來看，也就是「二人、零和、有限、確定、完全情報、遊戲」，再詳細看看每個詞的意思。

二人：2人對戰

零和：玩家的利害關係對立，利害合計為零。例如：當勝方獲得100點時，敗方就會失去100點。

有限：遊戲一定會結束。

確定：不含（使用骰子等等）運氣要素。決定先、後手的情況除外

完全情報：所有資訊透明、清楚

麻將、撲克牌、猜拳等，都不是二人零和有限確定完全情報遊戲。麻將為4人對戰；撲克牌包含運氣要素；猜拳的人要同時出拳，並不屬於完全情報。

說不定有讀者在看到這裡時腦袋會閃過一個念頭——既然人類的記憶沒辦負荷如此大量的棋局組合，那麼交給電腦呢？理論上，讓電腦記住每種棋局的變化後再告訴棋手該怎麼走，最後一定會贏得勝利的。

最後，請各位想一想什麼樣的遊戲才會讓人覺得好玩呢？根據遊戲開發商透露：近年來，只要在「運氣」和「戰略」之間保持絕佳平衡的遊戲，就會受到玩家極大的喜愛。例如：說到最經典的運氣與戰略遊戲非「麻將」莫屬了，而桌遊中的「大富翁」似乎全憑運氣來定輸贏。遊戲中若含有運氣成分，「或許我也能逆轉戰局」這樣的想法會讓遊戲變得更加刺激，所以，說不定真的很適合在遊戲中添加「運氣」這樣的要素。

為何風靡全球的遊戲《MINECRAFT》可以培養數學力

▼玩遊戲可以讓人熟悉空間圖形與函數？

在眾多遊戲之中，有些遊戲堪稱精采佳作，讓人說不出「別只顧著玩，趕快去讀書」這種話。各位知道《MINECRAFT》嗎？它也叫做《當個創世神》。截至2020年為止，這款遊戲已經累積了2億套的發行量，創下空前的熱賣紀錄。

遊戲開始，玩家會進入一個由3D立方體所構成的虛擬世界，在這個空間裡創造物品、進行冒險等。玩家可以自由地行走、砍砍柴、扛著十字鎬挖土，透過各種方式收集方塊，藉以打造道具或進行建設，按照個人的喜好創造出屬於自己的世界。

玩家若想要打造道具或進行建設，不僅需要收集一定數量的材料方塊，創造力、計畫性與行動力更是重點所在。由於具有這樣的背景，世界各國的教育機構也將這款遊戲融入教學環境，希望能在課堂、程式設計、主動學習方面看到成效。此外，遊戲藉由堆疊方塊來建構城市或建築物，能大幅提升我們的空間認知能力，及數學思維。

一起來看看這款遊戲是如何進行的吧！

▼把材料排成想要的樣子，是需要經過計算的！

例如：道具中的「十字鎬」可以讓玩家得到「鑽石」。要打造出十字鎬則需要3塊「鐵錠」與2根「木棍」。要獲得鐵錠則需要合成9個「鐵粒」，或是冶煉礦石方塊「鐵礦」。

打造好的十字鎬也可能會折斷，所以要一次打造3把，以備不時之需。那麼一整套程序下來總共需要多少鐵粒呢？玩家就會像這樣在不知不覺中進行「比例」計算。

此外，當玩家想要用邊長為1的方塊做出一個邊長為3的立方體時，需要多少個小方塊？直覺上的做法就是把邊長乘以3，但實際上需要3×3×3＝9塊

算式　9×9＋7×7＋5×5＋3×3＋1×1
＝81＋49＋25＋9＋1
＝165

（左圖）小立方體。想要建造一個底部為9×9的金字塔時，也必須先計算出總共需要多少個方塊才行（上一頁的算式）。

玩家會像這樣預先去思考打造道具或是進行建設需要使用多少方塊，還要思考做出來的東西有多大、要放在哪裡、方向為何，不知不覺間也提升了空間認知能力與計算力。

理解數學公式與定理、進行計算等的學習過程固然重要，但透過遊戲來培養數學素養，或許也是讓人愛上數學的一個好方式。

圖　立方體方塊與金字塔的個數

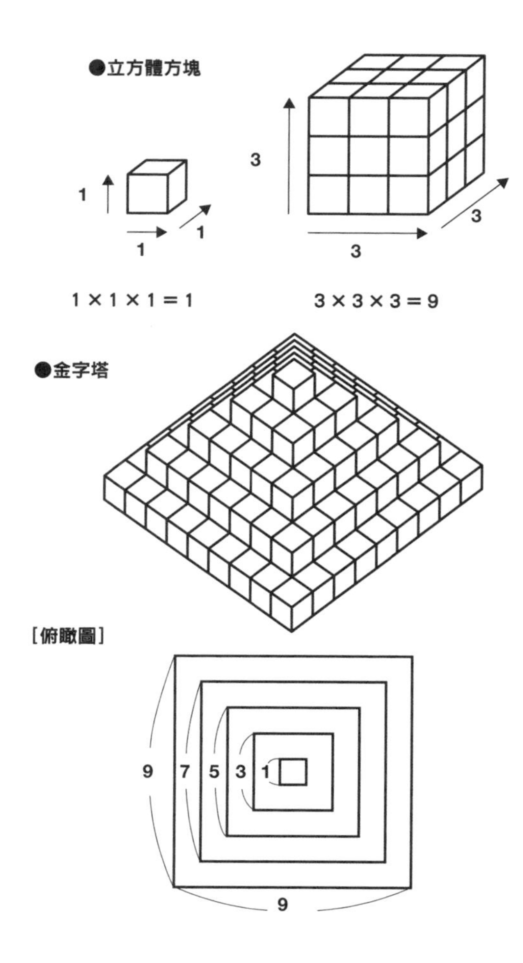

用色紙摺出最大的正三角形

挑戰小孩、大人一起來動動腦的數學難題！

請各位一起來動動腦！這是小朋友可以挑戰的難度，但也能讓大人抱頭苦思。共有2個問題，請各位挑戰看看！

【問題1】請用正方形的色紙摺出一個正三角形。

因為是正三角形，3個邊長都必須一樣才行。而且，3個內角也必須都是60度。

【問題2】請用正方形的色紙摺出一個最大的正三角形。

這個問題比較難。這個正三角形的邊長應該會大於正方形的邊長喔。

【問題1的解答】

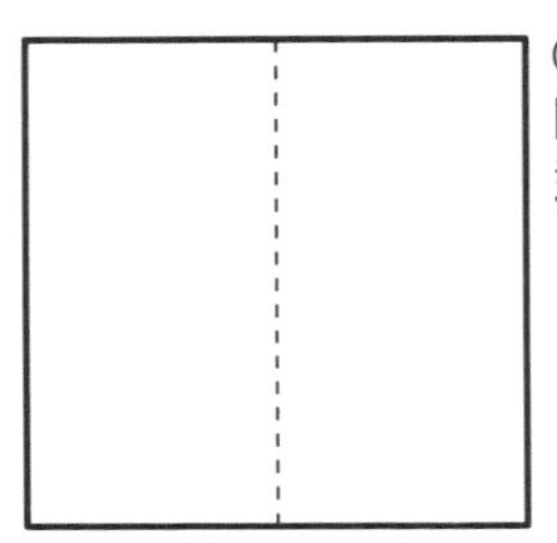

①左右對摺之後打開，在中央形成一道摺痕。

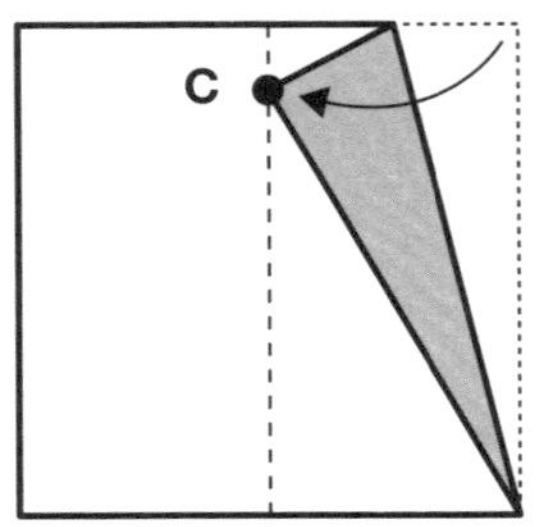

②將右上角摺在步驟①中央的摺痕上，並在該點做記號。

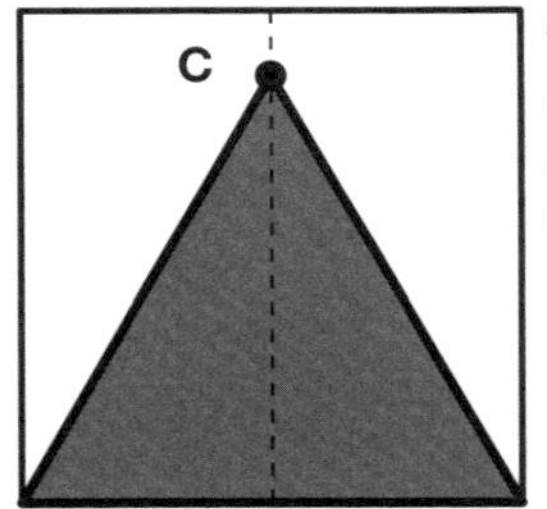

③將步驟②的記號與正方形的頂點A、B連起，就是一個正三角形。

[證明]三角形的底邊長等於正方形的底邊長，而其餘的兩邊是由正方形色紙的左右兩邊摺出來的，所以三角形的三邊等長，即為正三角形。

【問題2的解答】

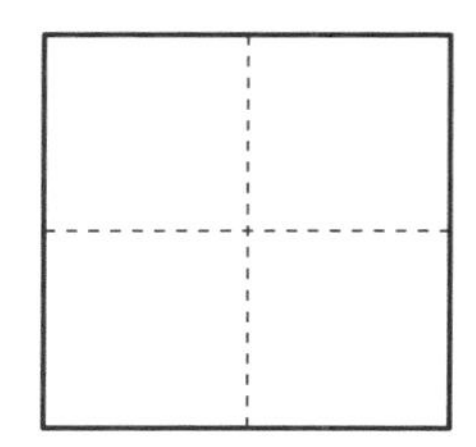

①將色紙上下對摺後再左右對摺，形成十字摺痕。

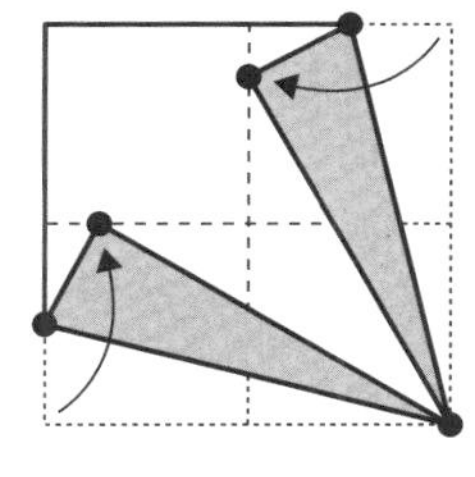

②將色紙的兩個對角分別摺在步驟①的摺痕上。

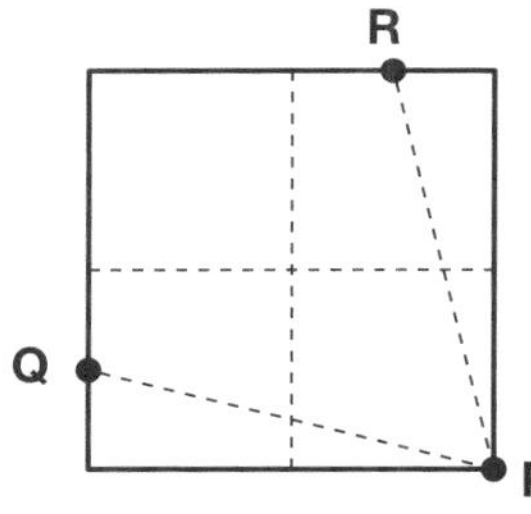

③將色紙打開，在這2條摺痕與色紙邊緣的交接處做記號，即為點Q與點R。

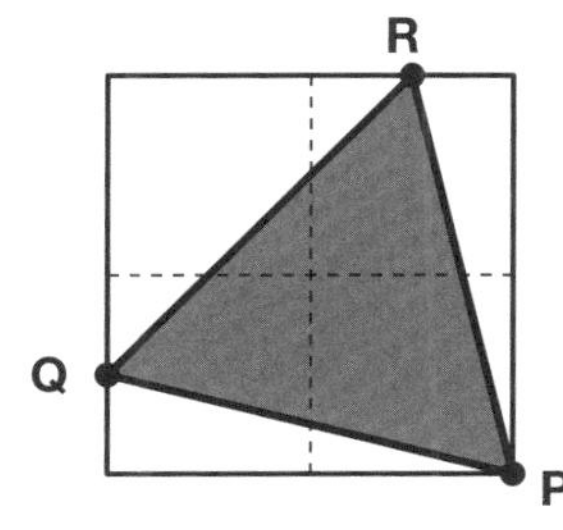

④將點P、點Q與點R連起來，這個三角形就是最大的正三角形。

諾貝爾獎不設立數學獎的理由完全是個人私心

▼諾貝爾獎沒有數學獎的原因

諾貝爾獎是全世界最具權威性的獎項，頒發給對人類做出巨大貢獻的人，是依據發明炸藥的瑞典科學家阿爾弗雷德・諾貝爾（1833〜1896）的遺囑及大筆遺產而成立的，自1901年起開始頒發物理學、化學、生理學・醫學、文學以及和平獎等5大獎項。而經濟學獎是由瑞典中央銀行成立的獎項，正式名稱為瑞典中央銀行紀念阿爾弗雷德・諾貝爾經濟學獎。

不過，諾貝爾獎中卻完全沒有數學獎項。為什麼這項全球性的獎項不頒發數學獎呢？有人說是因為諾貝爾對數學沒興趣，而以下這件軼聞趣事卻廣為流傳。

天才數學家米塔・列夫勒（1846〜1927）與諾貝爾一樣都是瑞典人，而諾貝爾非常討

諾貝爾、列夫勒、柯瓦列夫斯卡婭

諾貝爾

列夫勒

柯瓦列夫斯卡婭

厭列夫勒。

由於列夫勒是著名的數學家，假如真的成立了數學獎，說不定獲獎名單中就會出現列夫勒的名字。於是，諾貝爾便決定不設立數學獎——有人說這就是諾貝爾獎沒有數學獎的原因。

至於諾貝爾為何如此討厭列夫勒則有各種不同的說法。據說諾貝爾迷戀著美麗的俄國女數學家柯瓦列夫斯卡婭（1580～1891），但她的身旁總是有著列夫勒的身影。揚名後世的天才終究也只是凡人，說不定諾貝爾真的非常嫉妒他的情敵列夫勒。以上跟各位分享的就是與諾貝爾有關的軼聞趣事。

話說回來，有沒有頒給數學成就的國際性獎項呢？

▼比諾貝爾獎更難獲得的獎項？

當然有這樣的獎項。最具權威性的國際數學獎就是「菲爾茲獎」。任教於加拿大多倫多大學的數學家約翰・查爾斯・菲爾茲（1863～1932）在生前提倡設立數學獎，後人便以他的遺產以及基金設立該獎項，取名為菲爾茲獎。

另外，諾貝爾身處的時代與菲爾茲身處的時代是重疊的，菲爾茲見到諾貝爾獎的設立，也希望數學領域也可以設立這樣的獎項，於是在諾貝爾獎設立了35年後也終於有了菲爾茲獎。就某種意義來說，當時的數學家肯定在諾貝爾獎設立後不久就注意到了諾貝爾（獎）。

言歸正傳，菲爾茲獎是以全世界的數學家為對象，向對數學做出卓越貢獻的數學家頒贈金牌，該獎項不僅是為了表揚得獎者所做出的貢獻，也是為了鼓勵得獎者在今後取得進一步的成就。菲爾茲獎每4年舉辦一次，於1963年選出第一屆的菲爾茲獎。最近一屆的菲爾茲獎於2022年舉辦，下一屆將在2026年選出。

此外，菲爾茲獎的得主有年齡限制，原則上不得超過40歲，得獎人數為2～4人，被認為是一項比諾貝爾獎更難獲得的國際獎項。那麼，日本曾經出現過菲爾茲獎得主嗎？

▼日本的菲爾茲獎得主？

目前為止，日本一共有3位菲爾茲獎得主。

這3位得主都是以代數幾何學的研究拿下菲爾茲獎的。簡單來說，所謂的代數幾何學就是

x＋1＝0這種方程式的解，會與表示直線的函數 y＝x＋1的 y＝0時的 x值一致。若以座標圖表示，y＝x＋1的圖形會是一直線，也許可以說代數幾何學這個領域是以曲線（幾何）的概念在理解方程式（代數）。

跟各位分享個小趣談，菲爾茲獎頒給具有卓越貢獻的數學家，是數學界的最高榮譽，但是獎金卻意外地少。諾貝爾獎的各個獎項大約都有1億日圓左右的獎金，而每一位菲爾茲獎得主的獎金大概都是1.5萬加拿大元（大約是130萬日圓）。當然了，能得到菲爾茲獎是一種榮譽，無關乎獎金多寡；只是獎金與諾貝爾獎相差這麼多，還是令人有些訝異呢。

日本的菲爾茲獎得主　之1

●小平邦彥（1915－1997）：
（1954年得獎）東京大學理學博士
小平邦彥在1954年成為日本首位的菲爾茲獎得主。當時正值戰亂學術環境欠佳，而他依然做出一番成就，表述了難以證明的調和形式的存在問題。

●廣中平祐（1931－）：
（1970年得獎）哈佛大學榮譽教授
相對於代數幾何學中關於三維以下的證明，廣中平祐進行了更高維數的概化研究，做出重要的貢獻。主要研究奇點解消問題，所謂的奇點可以比喻成不光滑的點。創立奧林匹克算數大會（現為大會會長）。

日本的菲爾茲獎得主　之2

●森重文（1951－）：
（1990年得獎）京都大學榮譽教授
森重文表明有方法可以將代數幾何學所說的「極小模型」視為最簡單的模型來思考，並且表明了三維代數多樣體的極小模型的存在。

一本正經地思考的數學家所用的有趣用語

也許會改變至今的數學印象？從未見過的數學用語

▼突襲！請各位用直覺回答！

請問在以下3個詞語中，哪一個是數學用語？

性感質數

自戀數

快樂數

數學通常都給人複雜、困難的印象，總有一大堆看不懂的艱澀用語，但其實數學還是有很多有趣、特別的用語。以上3個詞語都是貨真價實的數學用語，就讓我來簡單地解釋一下這

3個詞語分別是什麼意思。

所謂的「性感質數」指的是數字間相差6的質數組，例如：（5跟11）、（7跟13）。那為什麼要叫做「性感質數」呢？其實是因為拉丁語把數字「6」讀成sex。這個理由真的是簡單到不可置信吧。附帶一提，目前已知存在無限對的性感質數。

性感質數中還有像5與11、17一樣連續3個的質數組，也存在著許多尚未被揭曉的未知面貌。這種神秘面貌或許也是這些質數被稱為性感質數的緣由。

接著是「自戀數」。自戀通常是指對自己有著超乎尋常的欣賞與愛慕。為這種數字命名的數學家似乎就是單純地覺得這些數字真的很自戀，因此便將其命名為自戀數。

〈數學基礎知識〉

何謂質數？

質數是大於1且除了自身之外，沒有其他因數的自然數，像是2、3、5、7、11等都是質數，據說有無限多個。

例如：數字153即是自戀數。為什麼這個數字是自戀數呢？

請各位將153的每個數字各別3次方後再加起來看看。

$$153 \rightarrow 1^3 + 5^3 + 3^3 = 1 + 125 + 27 = 153$$

可以用自己所擁有的數字來表示自己的，才會被當成是迷戀自己的「自戀」數字。這位數學家的命名能力可真是充滿想像力呢！

▼數學迷都愛玩數字

最後是「快樂數」，指的是計算出數字當中所有位數的平方和，再以得到的新數字繼續求所有數位的平方和，一直重複此步驟直到結果出現「1」為止。因為最後變成了「1」，所以就會「好開心」。這個數字的命名也是既簡單明瞭又令人會心一笑。

19

↓

$1^2+9^2=82$

$8^2+2^2=68$

$6^2+8^2=100$

$1^2+0^2+0^2=1$（好開心！）

迎接2019年時，「2019是快樂數」在數學迷之間也引起一陣話題。

2019↓ $2^2+0^2+1^2+9^2=86$

$8^2 + 6^2 = 100$

$1^2 + 0^2 + 0^2 = 1$（好開心！）

知道這些有什麼用處嗎？這個問題的確不太好回答。不過數學迷當中喜歡玩數字的人不在少數，所以我認為其實有很多數學名詞都是因為他們持續去探究才誕生的。

在我冥思苦想關於解答的過程中，當體會到「果然！這裡就是會變成這樣！」這種驀然想起、前後連貫起來的感覺，真是數學的莫大魅力。未來還會有更多有趣的用語或定理出現在數學世界裡，請各位一定要親身去體驗數學的廣度及深度。

小朋友也會瘋狂愛上數學的故事書

「你覺得哪一本書能讓人愛上數學呢？」許多人都會回答是以下這一本書。這本書共分12個章節，每個章節都有相當有趣的數學故事發展。從簡單的計算開始說起，穿插著國高中的數學內容，像是對話般的發展故事。簡單的數學計算如：0的不可思議、質數的性質及分辨方式等；國高中的數學如：無理數、虛數等。故事都是小朋友看得懂的內容。

本書所介紹的大多都是有趣的「速成」數學內容，當讀完這本書再去看其他數學書時，常會有「之前已經看過《數學小精靈》，所以才能看懂這本書」。倘若真是如此，那就是「已經迷上數學」的證明。不只如此，若能做到把已知的知識再加上新的知識，就代表我們「更懂得數學」了。換句話說，我們的數學知識會一直持續地補強與擴充。「學習」也就是在不斷地累積知識。請各位也試著透過這本《數學小精靈》體驗迷上數學的感覺。

《數學小精靈（暢銷好評經典版）》
2013年8月5日發行
漢斯．安森柏格　著
蘿托依．貝爾納　插畫
席行蕙　譯
時報出版

數學家的大腦都在想什麼？讓文科人也著迷的數學小說

博士在10多年前因為車禍而失去了大半的記憶，現在的他只有80分鐘的記憶能力。博士的全身上下都貼滿了便條紙，以便在記憶消失時提醒他。這是一本圍繞著3位主角所發生的故事，主角有前數學家「博士」、派遣至博士家中的管家「我」，以及「我」的兒子「根號」。這本小說也曾改編成電影。

故事中的博士在問候對方時都會冒出「關於數學的話題」，而他每一句簡潔的「數學之言」都充滿著趣味，讀者在閱讀時可以感受到這位數學家真實且獨特的一面。

例如：博士與管家初次見面時便問她的鞋號大小，管家回答是24號，博士便說：「真是個好數字，是4的階乘。」4的階乘寫成「4！」，指4×3×2×1。另外，博士把管家的兒子叫做「根號」，也是因為他的平頭造型讓博士聯想到「√」。除此之外，讀者在讀這本書時，會發現書裡面出現許多有名字的「數字」。我也經常聽到讀者表示自己是看了這本書才知道有「相親數」、「婚約數」等名詞的存在。

希望各位在看這本小說時可以一邊感受數學的魅力，也一邊感受數學家的魅力。

《博士熱愛的算式》
2004年7月發行
小川洋子　著
王蘊潔　譯
麥田出版社

結語

各位看完本書後的心得如何呢？切身感受到世間萬物與數學的連繫了嗎？對於數學有不一樣的想法了嗎？

不過，看完本書並不代表終點，我希望各位能找出以另一種方式來使用這本書。不止是本書，掌握數學的方法——也可以說是關鍵字——就是「智力冒險」。

智力冒險是一個新詞，當書中的某個數學話題勾起各位的好奇心、讓你感到恍然大悟時，請務必試著發揮你的「智力冒險」精神，試著在自己所知道的範圍進行思考，如此一來就有機會遇見有趣的新發現。

例如：「即使是1千對200的絕對不利情況，一樣有獲勝的戰略」。請各位想一想如果是自己的話，該怎麼做？我們可能會想辦法讓佔上風的自己不被逆轉，或是試著把這個戰略應用在比賽或商業經營上……。我們的思考會觸及到各種事物，正因為使用了數學來做抽象表達，所以才能在日常生活或工作上應用自如。這確實就是一場智力冒險。

這時就算弄錯也無妨。我認為出錯絕對不是一件壞事，停下思考的腳步才是不對的。

我曾在某堂課出了一道關於圖形有幾種畫法的題目，這道題目的正確解答是8種。有位學生回答有5種畫法，通常應該是直接把他的答案打叉，對吧？但這麼做的話就代表他回答的那5種方式都是錯誤的。於是，我先確認他回答的這「5種畫法」確實沒錯，就先把這部分的答案都打勾，再告訴他：「還有3種方式，請你再想一想。」我認為那位同學的答案並不是不正確，而是他還在通往正解的道路中。

當我們像這樣按照自己的想法把數學應用在日常生活或工作上時，卻覺得自己「做錯」的時候，請將此看成是自己還在前往正解的路途中。一旦理解了自己為何做錯時，這份理解就會變成通往正解的路標，最後一定會找到邁向成功的方程式。

這麼一來，數學就會成為我們的輔助線，讓日常中的工作變得更加精采豐富。我是真心認為數學可以改變人生。因為——

懂得數學，看待事物的方式就會不一樣；
看待事物的方式不同了，思考方式就會跟著改變；
思考的方式變了，判斷力與行動力就會不一樣；
判斷力與行動力不一樣了，人生必將有所不同。

——我是這麼認為的。

為了讓人生更加精采，激發出數學的興趣就成了一件人生大事。跟我的上一本著作《為什麼1L鮮奶實際上只有946㎖？用數學解開日常生活中的種種謎團》（楓葉社文化出版）一樣，假如各位發現了有趣的話題，我希望你們也能夠進一步地去探索。請各位超越本書，試著去接觸各式各樣的數學話題，邁出前進的一步。

本人橫山明日希也會在Twitter（@asunokibou）等待各位的賜教。

参考文献

世界をつくる方程式50（リッチ．コクラン［著］、松原隆彦［監修］／ニュートンプレス／２０２０年１２月刊）
【図解】数学の世界（矢沢サイエンスオフィス／学研プラス／２０２０年1月刊）
思わず話したくなる！数学（桜井進／ＰＨＰ研究所／２０１１年１２月刊）
図解 数と数式の話（小宮山博仁［監］／日本文芸社／２０１８年１１月刊）
間抜けの構造（ビートたけし／新潮社／２０１２年１１月刊）
文系もハマる数学（横山明日希／青春出版社／２０２０年9月刊）
ウソつきは数字を使う（加藤良平／青春出版社／２００７年7月刊）

参考網站

独立行政法人国民生活センター／ＮＨＫ／ファイヤーワークス．フォト．ライブラリー／
東京新聞ＴＯＫＹＯＷｅｂ／神戸大学

■ 作者簡介

橫山明日希

math channel代表、日本搞笑數學協會副會長。2012年修畢早稻田大學研究所碩士班學分（理學碩士），專攻數學應用數理。大學在校時便以「數學哥哥」的身分展開活動，將數學的樂趣推廣至日本全國各地，舉辦演講與活動的地點迄今已超過200處。2017年於國立研究開發法人科學技術振興機構（JST）所舉辦的科學市集當中獲得科學市集獎。著有《生活萬事問數學》、《為什麼1L鮮奶實際上只有946mL？用數學解開日常生活中的種種謎團》等書籍。

掉寶率1%的遊戲扭蛋其實3成以上的人都抽不到?
用數學解開日常生活中的種種謎團

出　　版／楓葉社文化事業有限公司
地　　址／新北市板橋區信義路163巷3號10樓
郵政劃撥／19907596　楓書坊文化出版社
網　　址／www.maplebook.com.tw
電　　話／02-2957-6096
傳　　真／02-2957-6435
作　　者／橫山明日希
翻　　譯／胡毓華
責任編輯／陳鴻銘
內文排版／謝政龍
港澳經銷／泛華發行代理有限公司
定　　價／350元
初版日期／2023年９月

國家圖書館出版品預行編目資料

掉寶率1%的遊戲扭蛋其實3成以上的人都抽不到?用數學解開日常生活中的種種謎團 / 橫山明日希作；胡毓華譯. -- 初版. -- 新北市：楓葉社文化事業有限公司, 2023.09　面；　公分

ISBN 978-986-370-588-8（平裝）

1. 應用數學　2. 機率

319　　112012248